ANTARCTIC ATLAS

New Maps and Graphics That Tell the Story of a Continent

著作权合同登记号 图字：22-2023-117 号

审图号：GS 京（2023）1930 号

图书在版编目（CIP）数据

不止冰雪：用地图讲述南极的故事 /（英）彼得·弗雷特韦尔著；曾艺明译. -- 贵阳：贵州人民出版社，2024.9

书名原文：ANTARCTIC ATLAS: New Maps and Graphics That Tell the Story of a Continent

ISBN 978-7-221-18216-6

Ⅰ . ①不… Ⅱ . ①彼… ②曾… Ⅲ . ①南极—普及读物 Ⅳ . ① P941.61-49

中国国家版本馆 CIP 数据核字 (2024) 第 029868 号

BUZHI BINGXUE:YONG DITU JIANGSHU NANJI DE GUSHI

不止冰雪：用地图讲述南极的故事

［英］彼得·弗雷特韦尔（Peter Fretwell） 著

曾艺明 译

出 版 人：朱文迅　　　　　选题策划：后浪出版公司
出版统筹：吴兴元　　　　　编辑统筹：郝明慧
策划编辑：周湖越　　　　　特约编辑：张昊悦
责任编辑：刘 妮　　　　　　装帧设计：墨白空间·张萌
责任印制：常会杰
出版发行：贵州出版集团 贵州人民出版社
地　　址：贵阳市观山湖区会展东路 SOHO 办公区 A 座
印　　刷：河北中科印刷科技发展有限公司
经　　销：全国新华书店
版　　次：2024 年 9 月第 1 版
印　　次：2024 年 9 月第 1 次印刷
开　　本：635 毫米 × 965 毫米　1/8
印　　张：26.5
字　　数：328 千字
书　　号：ISBN 978-7-221-18216-6
定　　价：218.00 元

贵州人民出版社微信

后浪出版咨询（北京）有限责任公司　版权所有，侵权必究

投诉信箱：editor@hinabook.com　fawu@hinabook.com

未经许可，不得以任何方式复制或者抄袭本书部分或全部内容

本书若有印、装质量问题，请与本公司联系调换，电话：010-64072833

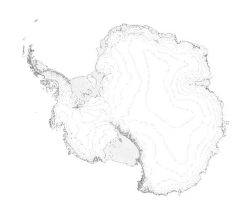

不止冰雪

用地图讲述南极的故事

[英] 彼得·弗雷特韦尔 著
Peter Fretwell

曾艺明 译

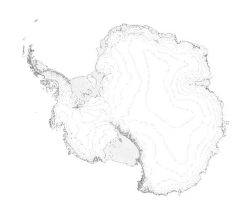

贵州出版集团
贵州人民出版社

目 录

编者注：本书插图为原文原图。

前　言

那是 2018 年 2 月，我正坐在一个搭在 12 千米宽的冰川上的亮橘色帐篷里。这片冰河名为西贝柳斯冰川，位于亚历山大岛的中心。亚历山大岛既是南极洲最大的岛屿，也是地球上第二大无人居住的岛屿。明天我和助手将滑雪南下，去探索调查一片荒凉的山丘。那是一个人类尚未涉足的地方——地球上这种地方越来越少了。

我从帐篷的门帘向外望去，越过银装素裹的冰河，望向东方高耸入云的大山。它的名字叫斯蒂芬森山，同该地区几乎所有其他山峰一样，它从未被攀登过。斯蒂芬森山的西侧从白雪皑皑的原始冰川耸立而起，几乎垂直地上升了 3 千米，高度足以俯瞰当地的群山。自然的宏伟使我荡魂摄魄，我凝视着外面的风景，聆听着寒风的低语——在这巨大的冰冻世界里，除了自己的心跳声，那是唯一的声音。我们的帐篷在白茫茫一片的南极风景中显得微不足道。这里远离文明的喧嚣，人显得无关紧要，但我知道事情没那么简单。

南极洲的冰雪看起来似乎古老原始、终年不化，却是一种濒临消失的景观。十个月后，我回到剑桥市，在最新下载的威尔金斯冰架卫星图像中，看到一个巨大的浮冰群漂进了西贝柳斯冰川。冰架正在破裂和崩解，这是一个近十年前便开始的进程。如同南极半岛上的大多数冰架一样，这块冰架也正在消亡。海洋学家告诉我，这是由于温暖的海水渗透到冰架下面，使冰架从底部开始融化了。在这个生态脆弱的地区，这是全球变暖的又一个迹象。在过去的五十年里，南极半岛的气温上升了 4℃以上。一旦冰架消失，包括西贝柳斯冰川在内的其他冰川将加速融化，流入海中。冰面持续下降，更多的岩层会裸露出来，随着时间的推移，巨大的冰原将会消失。由于人类活动造成的气候变化，这种人们还鲜少见到的景观可能会就此消失。

不仅仅是冰，野生生物——从浮游植物到企鹅都受到了气候变化的威胁。人类只拜访过一半帝企鹅聚居地，然而在一百年后，只有不到一半的现有聚居地还会存在。我不是在危言耸听。虽然南极洲伫立于地球的最底部，遥远且神秘，只有通过野生动物纪录片或者价格高昂的旅行才能见到它，但它却至关重要。南极洲大陆周围的海洋控制着世界的天气系统，并吸收了一半人类产生的额外大气碳。如果南极洲冰川融化，这片陆地上的冰足以淹没世界各地的沿海城市。南极洲脆弱的环境就像一座警钟，警示着可能受到影响的世界其他地区。南极洲远非遥远而抽象，它与我们所有人息息相关。

这也是我写这本书的原因之一。一方面，我想分享南极洲的奇迹，它那令人敬畏的美景和严酷的环境；另一方面，我也想试着解释南极洲大陆的重要性并讲述这个世界最偏远地方的变化。我希望能传达自己对地球上最后一片荒野的热情和热爱，以及对其环境状况的关心。

这本地图册的每张地图都是新的，很多概念也是首次以地图的方式呈现出来。地图是传递信息的绝佳媒介。我一直认为，如果说"一图胜千言"，那么一张地图就能讲述一个完整的故事。我有二十年专业绘制地图的经验，喜欢用地图来传达抽象的思想。我知道在艺术性与信息性、细节与简洁之间取得平衡是一种微妙的折中法。地图可以是美的，但它必须向读者传达明确的信息和故事。最好的地图既直观易懂，又隐藏着一些细节，读者通过仔细观察找出它们，从而感到愉悦。这本书使用地图来传达原本复杂难懂的科学信息。每张地图都讲述了自己的故事，而本书的设计使每页的内容都可以独立存在，便于读者随意翻阅或浏览特定的部分。

在我的研究过程中，我与全世界许多专家探讨了南极洲的现状，他们当中有冰川学家、海洋学家、地理学家、历史学家、物流专家、建模师、生态学家、地质学家和地球物理学家。我很幸运地承担一份独一无二的工作。我在英国南极调查局（BAS）工作了十八年，在大部分时间里，我的职责是绘制地图。我已经为科学论文、海报、演示、分析和报告制作了两千多张地图。除了英国南极调查局，我还为政府间气候变化专门委员会、南极研究科学委员会（SCAR）、外交部以及其他许多书籍和出版物制作地图。我也绘制了一些已出版的挂图。这些年来，随着分析越来越复杂，我使用的技术也越来越有独创性，我也从制图员转变为科学工作者。在过去的十年里，我撰写或合著了50篇研究论文，并很幸运地与多种学科的顶尖科学家合作完成了许多项目。这让我接触到世界各地从事南极研究的杰出科学家，他们中的许多人都为这本书的研究提供了帮助。

我在南极洲进行过四次野外考察：有时在考察站，有时在船上，有时在帐篷里。成为南极科学家是一种特权，而我们往往浑然不觉。我们到达人迹罕至的地方，体验大多数人永远不会经历的环境。南极考察时不时会遇到危险且常常令人灰心丧气，对身体条件也有苛刻的要求。南极洲有时是残酷的，它恶劣的环境摧毁了许多研究人员的雄心壮志。但当我们离开那里

并有时间进行思考后，几乎每个去过南极的人都发现南极深深地触动了我们，在我们的灵魂上留下了不可磨灭的印记。

那是我对南极洲最重要的感觉。南极与世界上其他任何地方都不同，它拥有一种神秘莫测的魅力。在一个联系越来越紧密、越来越小、越来越文明的世界里，想到这片世外桃源般的白色荒野仍然存在，就使它显得更超凡脱俗。南极洲将维持这种状态多久，它的未来将会如何，仍是未知数。我在编写这本书时学到了一件事：虽然环境的变化不可避免，但变化多少以及我们选择什么样的未来取决于人类自己。而现在做出这个选择还为时不晚。

彼得·弗雷特韦尔，2019 年 12 月

英国南极调查局　简介

英国南极调查局是英国自然环境研究委员会的机构，在极地地区开展并推动世界领先的跨学科研究。由位于剑桥市、南极洲和北极的科研人员和支持人员携手开展研究，利用极地地区的研究来增进我们对地球以及人类活动对地球的影响的了解。

英国南极调查局拥有强大的后勤能力和专业技术，为英国和国际科学界进入极地开展研究活动提供便利。众多的国内国际合作和优秀的基础设施助力英国在南极事务中保持世界领先地位。英国是在南极洲设有科学研究设施的三十多个国家之一。

英国南极调查局在南极洲设有两个全年研究站和三个夏季研究站，在南大洋的南乔治亚岛也设有两个研究站。它维护着研究站，并借助两艘极地船和五架专业飞机组成的编队为许多野外考察队提供支持。在过去的五十多年里，英国南极调查局取得了如发现臭氧层空洞等许多科学突破，并主导了重要的跨学科项目以及提取冰芯，了解、绘制和模拟南极大陆。

英国南极调查局的愿景是成为世界领先的极地科学和极地业务中心，解决重要的全球性问题，并帮助人类适应不断变化的世界。

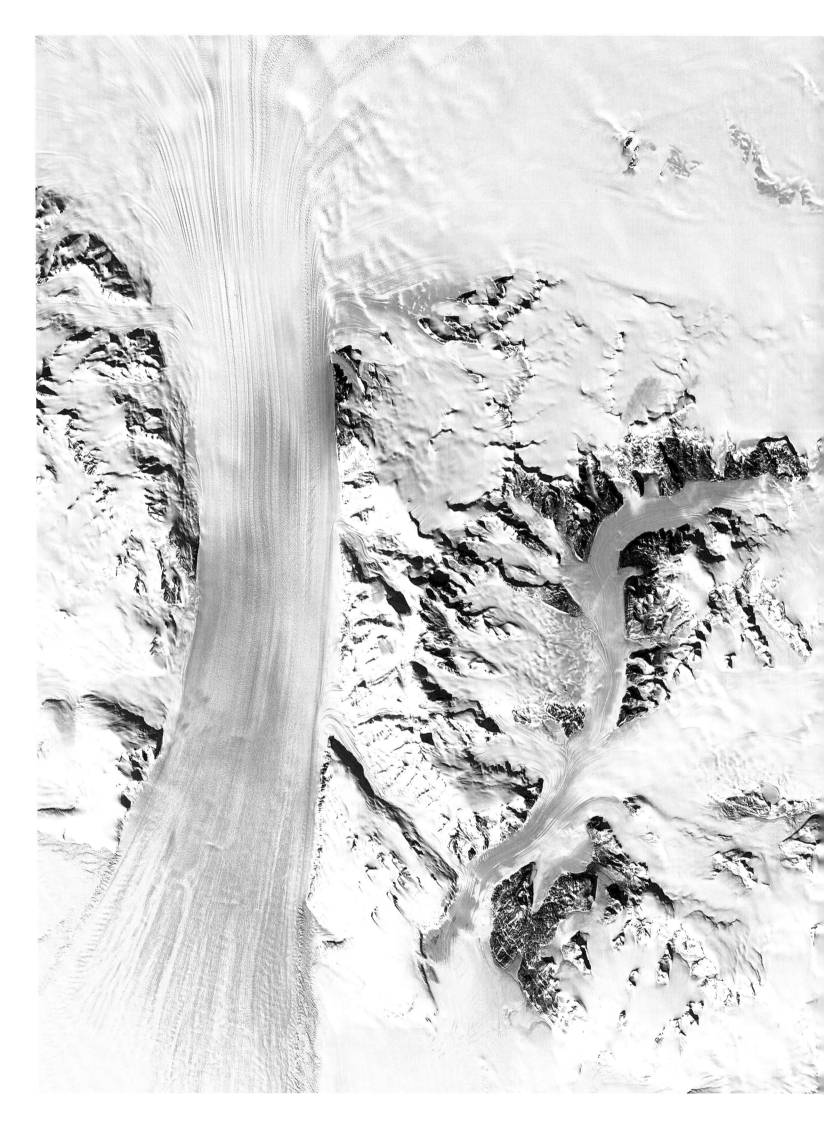

第一章

南极洲地理

1. 白色大陆

图 1-1 的地图显示了南极洲的大致形状和地理特征。南极洲通常分为三部分：南极半岛、西南极洲和东南极洲。

南极半岛的岩壁从大陆板块向北延伸 1,000 千米，从地质学上说，它是南美洲安第斯山脉古老的一部分，其险峻的侧面陡然坠入大海，形成许多深深的峡湾和岛屿。

西南极洲和东南极洲都为广阔的冰层所覆盖，巨大而荒凉的冰穹厚度约达几千米。巍峨的横贯南极山脉将南极洲分隔为东西两部分。东南极洲面积更大，冰盖更高更厚，这些冰盖形成了一系列冰穹。最高的冰穹位于南极洲的中心，海拔超过 4,000 米。西南极洲面积较小，海拔较低，没有东南极洲那样的巨大冰盖。

冰架包围着南极洲的大部分地区。这些冰架是冰川流入海洋时形成的，漂浮的冰并没有断裂形成冰山，而是与其他冰川融合，形成厚厚的漂浮冰原。这些冰架厚度可达数百米，并从海岸延伸数十万米。在南极洲两侧，东西南极之间，在海岸线上的主要凹口处形成了两个巨大的冰架，即罗斯冰架和龙尼－菲尔希纳冰架。罗斯冰架比西班牙的面积还大，而龙尼－菲尔希纳冰架只比西班牙小一点。

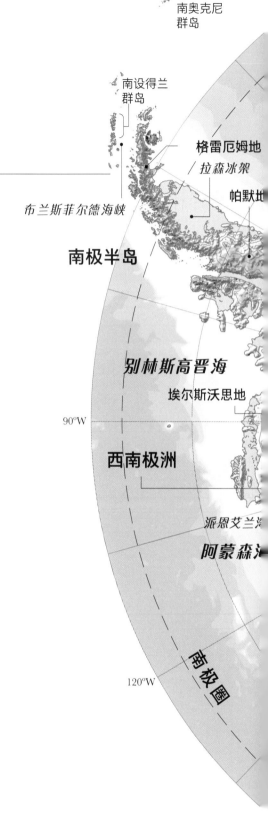

图 1-1

---

1 编者注：在 2012 年 12 月 18 日，英国外交大臣威廉·黑格宣布把"英属南极领地"一处占地 169,000 平方英里（约 437,000 平方千米）的地区命名为伊丽莎白女王地。而由于 1961 年《南极条约》生效后，所有国家在南极的领土主张都被冻结了，国际上并不承认"英属南极领地"以及这一命名，英国此举也引发了阿根廷等国的不满和批评。由于目前并没有其他更合适的名称来指称该地区，故本书暂且保留"伊丽莎白女王地"这一命名。

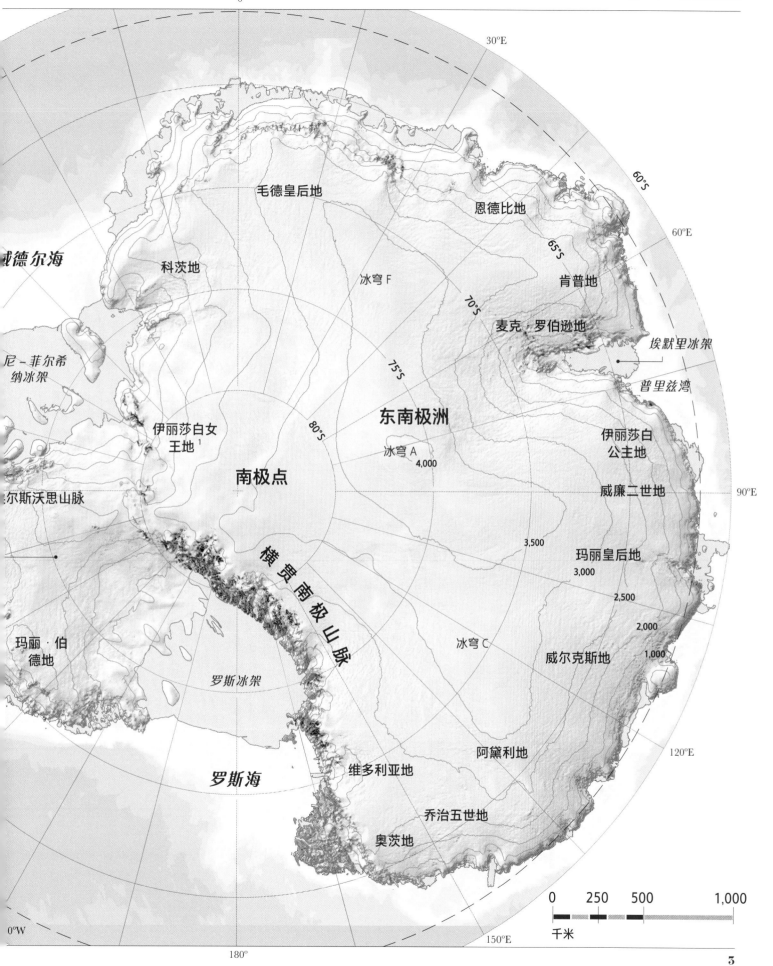

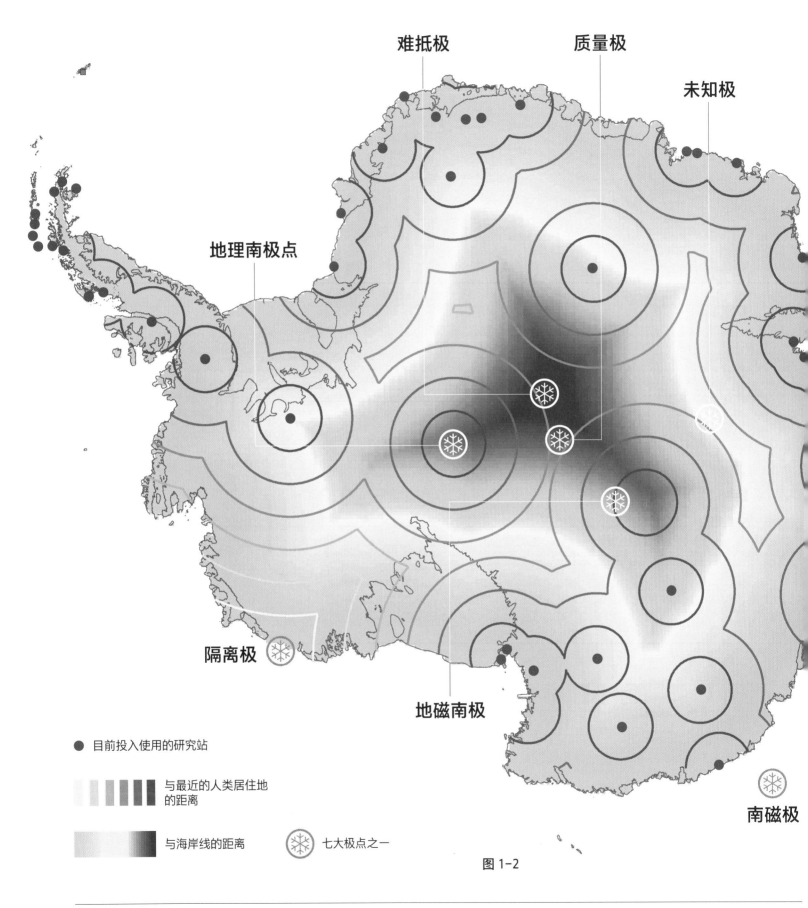

图 1-2

2. 七大极点

每个人都知道南极在南极洲，但地理南极点（0°E，90°S）只是南极大陆上的几个极点之一。除了这个地理极点，南极洲还有两个磁极。一个是真正的南磁极，也就是指南针垂直向下指向的点。由于地球内部深处熔岩的运动，南磁极每年会移动 10 千米到 15 千米，且不与北磁极对称。另一个是地磁南极，它是一个固定、对称、近似真实位置的极点，更容易为地理学家和航海家所用。南磁极在南极洲东部海岸，目前位于东经 136.1°，南纬 64.2°；而地磁南极在南极洲内陆深处的东南极冰盖上，位于东经 107.0°，南纬 80.5°。

除了这三个经典极点，还有其他一些极点。首先是隔离极，这是南极洲内距离人类居住地最远的地方。此极点位于玛丽·伯德地海岸，西经 138°，南纬 75°，曾经是一个俄罗斯研究站的所在地，但那座研究站在 1980 年以后就被废弃了。今天，如果你站在那里，那么你距离最近的人类居住地超过 1,400 千米，那里可能是世界上最偏僻的地方。

其次是最著名的极点，即难抵极，是离海岸最远的地方。难抵极位于东南极洲的高原，东经 64.7°，南纬 83.9°，距广海 1,580 千米。

再次是未知极，这个术语用来形容我们了解最少的地域。就南极洲而言，未知极是南极冰下陆地地图绘制最不完整的地方，位于东经 85.5°，南纬 75°，在东南极洲的伊丽莎白公主地。

最后是质量极，这是广阔的南极冰盖的重心所在。质量极位于东经 89°，南纬 83.5°，靠近东南极冰盖的中心。

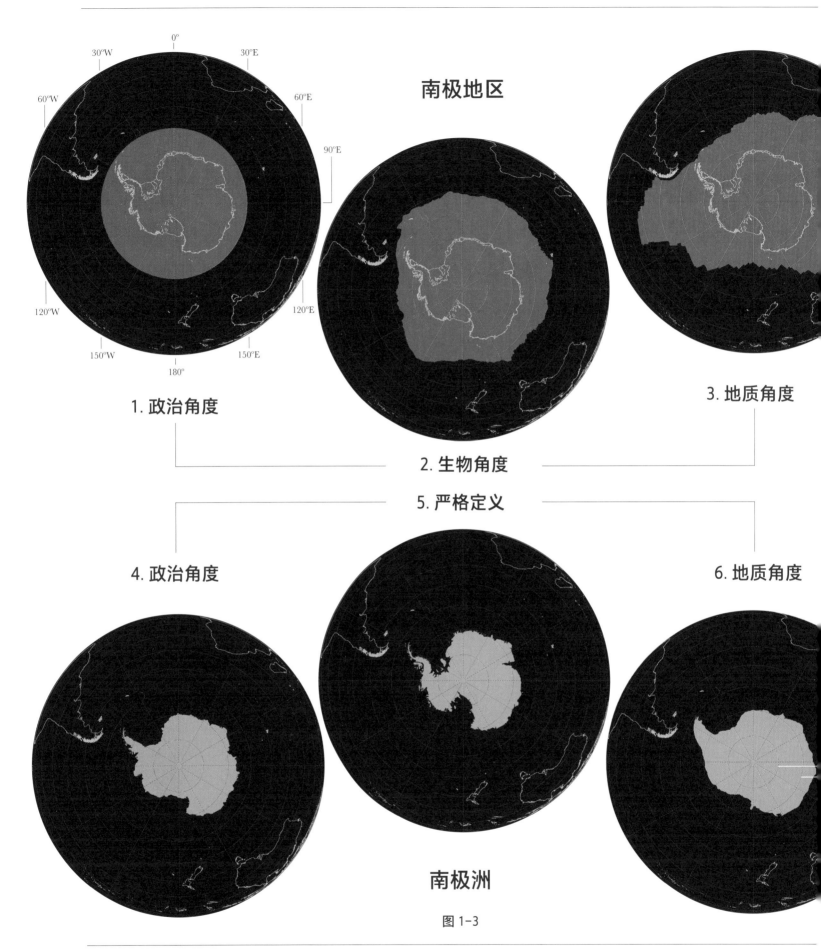

南极地区

1. 政治角度

2. 生物角度

3. 地质角度

5. 严格定义

4. 政治角度

6. 地质角度

南极洲

图 1-3

3. 南极洲的定义

我们知道南极洲是围绕南极的大陆，而南极点位于地球自转轴的南端，但我们应该如何定义哪些部分属于南极洲，哪些部分不是呢？"南极地区"包括南大洋，而"南极洲"则纯粹指陆地。那么，究竟是什么构成了南极洲的陆地呢？南极洲与世界其他地区的区别在于冰架——漂浮在未冻结水面上的冰。我们应该把冰架算作陆地吗？近海岛屿是否属于南极洲的一部分？如果属于，哪些是？和地理学的很多领域一样，答案取决于你是谁以及你想要的答案是什么。

80°S
70°S
60°S
50°S
40°S
30°S
20°S
10°S

南极地区

1. 从政治上讲，南极地区指南纬 60° 以南的所有海洋和陆地。这条边界线是管理南极大陆的政治协议——《南极条约》的基础。

2. 从生物学上讲，南极地区指分隔温暖的亚热带海水和寒冷的极地海水的海表温度跃变带——"南大洋极锋"以内的区域。此定义也常被用于南大洋。

3. 从地质学上讲，南极地区指南极板块，也就是南极洲所在的构造板块。

南极洲

4. 从政治上讲，南极洲指南极大陆的海岸线范围内的地域，包括南纬 60° 以南的所有岛屿、陆地和冰架。严格来说，这就是《南极条约》对南极洲的定义。

5. **严格定义上**，南极洲指陆上冰海岸线范围内的地域，不包括漂浮的冰架。如果你认为浮冰不能被归类为陆地，那么这将是你对南极洲的定义。

6. 从地质学上讲，南极洲指主要陆地所在的南极大陆架的大陆块内陆，不包含政治定义中所包括的几个岛群（例如南奥克尼群岛）。

4. 由许多 "地" 组成的大洲

格雷厄姆地

帕默地

埃尔斯沃思地

当探险家第一次看到南极洲大陆的时候，他们每个人都为他们所登陆的海岸命名、进行探索并绘制地图。多年来，海岸线被划分成不同的部分，称为 "地"（lands）。由于最初探险家都乘船而来，他们只划定了海岸，通常是利用突出的海角、海岬，或者大岛、冰架进行划分。由于无法探索沿岸带后方的腹地，每一块陆地的内陆范围从未被明确，随着时间的推移，我们想象每块陆地都从海岸向内延伸到极点，像分馅饼那样将南极大陆分成几个部分。

有些陆地，比如格雷厄姆地和帕默地（它们都位于南极半岛），是以第一次沿着那片海岸航行的探险家的名字命名的。不过后来，船长们开始用皇室成员，或偶尔以他们家族成员的名字来命名。几十年来，船只无法到达的几个地方仍未被命名。最近被命名的是龙尼 – 菲尔希纳冰架以南的一块区域，位于西经 20° ～ 80° 之间，在 2012 年英女王钻禧纪念期间被命名为伊丽莎白女王地。然而，南极洲仍有一处未被命名的地方，即罗斯冰架正南方陆地的一小块区域，包括横贯南极山脉和极地高原的一部分。

如今每个从事南极研究的国家都有权为新发现的地区命名，不过有时两个国家会用不同的名称命名同一个地方，引起混乱。南极研究科学委员会在众多事务中扮演着协调角色，其任务之一就是努力协调国家间的地区命名工作，以减少重复和不确定性。

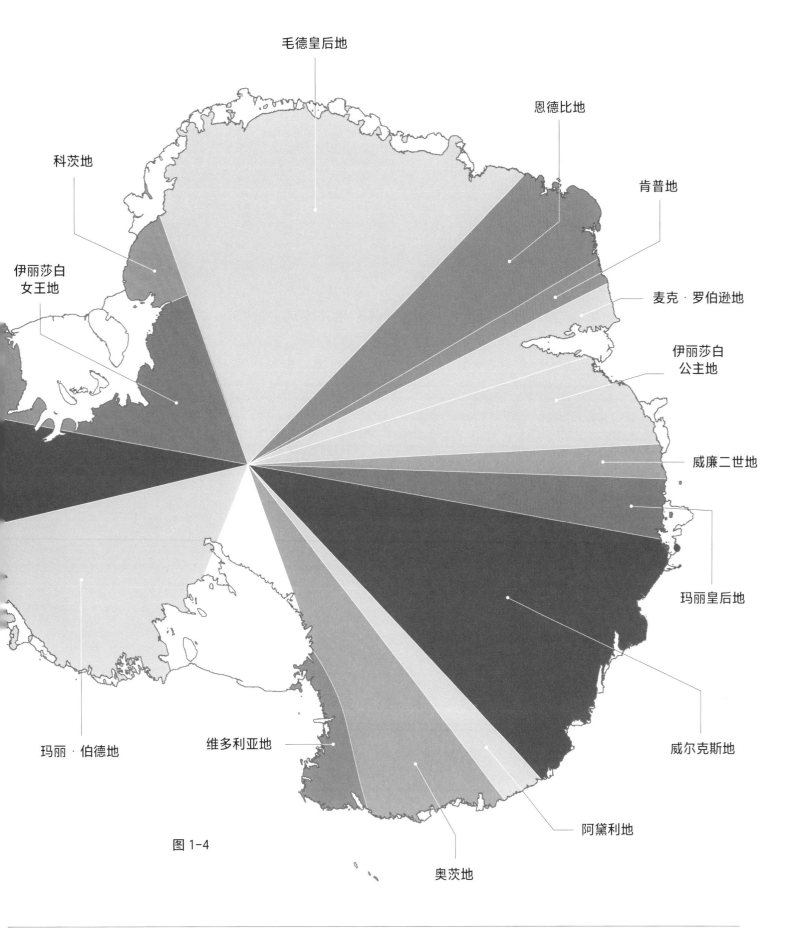

图 1-4

毛德皇后地

恩德比地

科茨地

肯普地

伊丽莎白
女王地

麦克·罗伯逊地

伊丽莎白
公主地

威廉二世地

玛丽皇后地

威尔克斯地

玛丽·伯德地

维多利亚地

阿黛利地

奥茨地

5. 南极洲的面积

南极洲的面积之大是难以想象的。如果它是一个国家，它将是仅次于俄罗斯的世界第二大国；从南极半岛的末端开始横跨南极洲，其飞行距离与伦敦到纽约的飞行距离大致相同。虽然我们通常将南极洲视为单一实体，但其范围之广意味着南极洲在气候、生物和环境等方面有许多区域差异。图 1-5 将南极洲的地理区域与其他几个著名的区域进行比较，来展示南极洲面积之大。

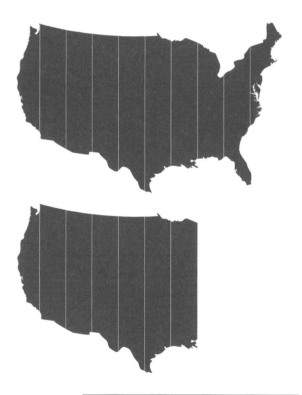

美国本土面积的 1.7 倍
整个美国面积的 1.4 倍

英国面积的 57 倍

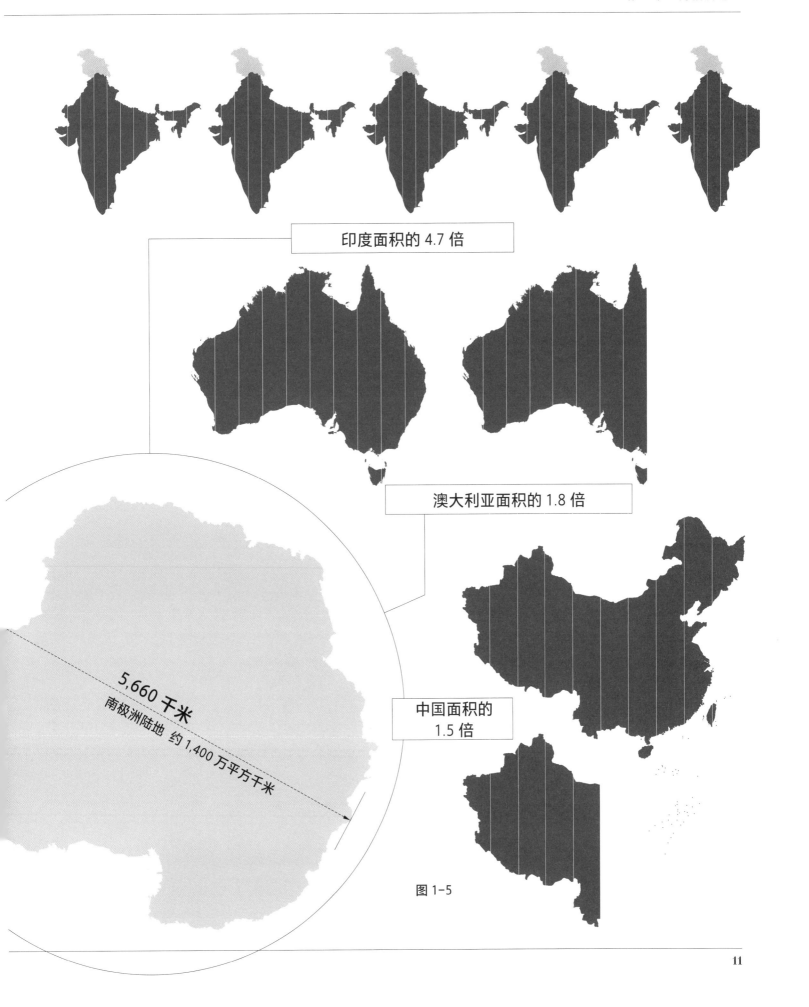

印度面积的 4.7 倍

澳大利亚面积的 1.8 倍

中国面积的
1.5 倍

5,660 千米
南极洲陆地 约 1,400 万平方千米

图 1-5

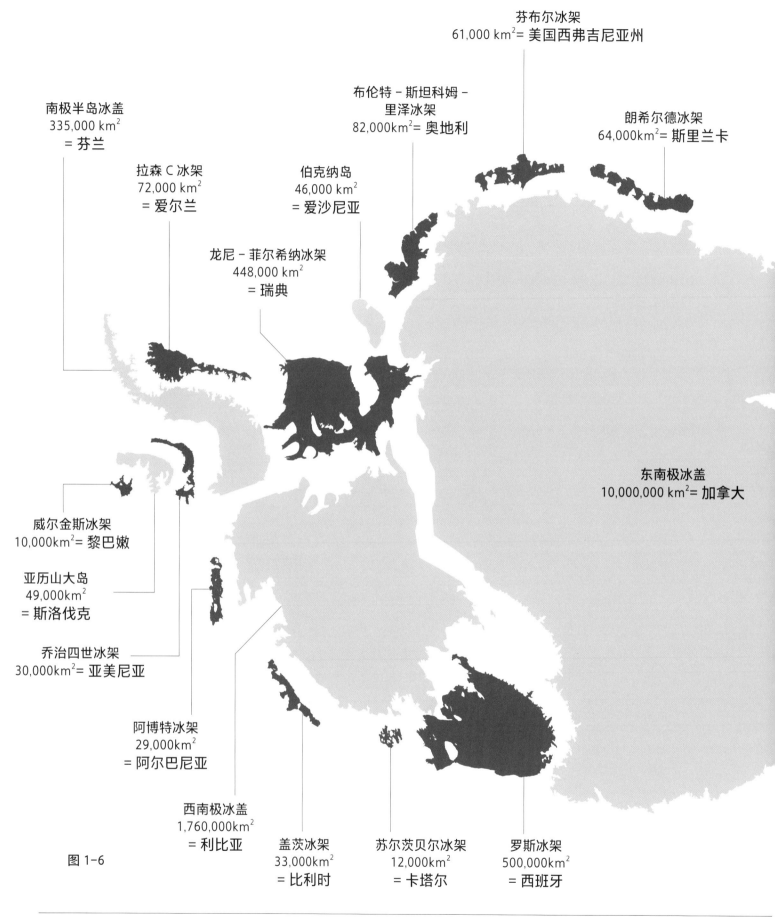

芬布尔冰架
61,000 km² = 美国西弗吉尼亚州

布伦特 – 斯坦科姆 –
里泽冰架
82,000km² = 奥地利

朗希尔德冰架
64,000km² = 斯里兰卡

南极半岛冰盖
335,000 km²
= 芬兰

拉森 C 冰架
72,000 km²
= 爱尔兰

伯克纳岛
46,000 km²
= 爱沙尼亚

龙尼 – 菲尔希纳冰架
448,000 km²
= 瑞典

东南极冰盖
10,000,000 km² = 加拿大

威尔金斯冰架
10,000km² = 黎巴嫩

亚历山大岛
49,000km²
= 斯洛伐克

乔治四世冰架
30,000km² = 亚美尼亚

阿博特冰架
29,000km²
= 阿尔巴尼亚

西南极冰盖
1,760,000km²
= 利比亚

盖茨冰架
33,000 km²
= 比利时

苏尔茨贝尔冰架
12,000km²
= 卡塔尔

罗斯冰架
500,000km²
= 西班牙

图 1-6

6. 冰架和冰盖

了解南极地理最重要的是明白冰架和冰盖之间的区别。这两个术语经常被误引和误解，它们都是指冰川冰的类型，即在陆地上由压实的雪形成的冰，但两者之间还有一些细微的区别。

冰盖覆盖了南极洲的中部，其基部位于下方的岩石上。冰盖通常很厚，平均厚达 2 千米。尽管某些地区冰的移动速度相对较快（通常称为"冰流"），但总体来说，冰盖的冰移动速度缓慢。

相比之下，冰架位于陆地的外围，它们的移动速度很快而且薄得多，其厚度从未超过 1 千米。但最显著的区别在于冰架是漂浮的。当把冰放入水中时，冰会漂浮（想想饮料中的冰块），但由于冰和液态水的密度差异很小，冰块或冰架仅有约十分之一的部分会露出水面。当冰盖抵达海岸时，如果只有不到十分之一的冰高于海平面，那么它的底部就会从它的岩石床上脱离，大块冰层（通常有数百米厚）便开始漂浮。这时，冰盖就变成了冰架。冰与地面的分离线通常称为"接地线"。

图 1-6 显示了南极洲不同的冰架和冰盖。冰盖通常分为三大部分：东南极冰盖、西南极冰盖和南极半岛冰盖。每块冰盖都是巨大的，仅东南极冰盖就和世界第二大国加拿大一样大。冰架较小，但每个冰架仍相当于一个中型或小型国家。最大的冰架是罗斯冰架，面积大约等同于西班牙。

埃默里冰架
63,000 km^2= 拉脱维亚

西冰架
21,000 km^2= 萨尔瓦多

沙克尔顿冰架
33,000 km^2= 比利时

冰盖

冰架

7. 南极洲的日与夜

在南极洲，时间确实是一个抽象的概念。如果把一天定义为太阳升起、落下并再次升起，那么南极点的一天可以持续一整年。在南极点，太阳在九月下旬升起，之后是持续六个月的白昼。此后，太阳落到地平线以下，标志着六个月黑夜的开始。在处于极昼极夜交替的二分点附近时，整日都能看到朦胧的天光，因为那时从极点观察到的太阳盘绕地球的轨道会360°重合于地平线。远离极点向北走，你会在24小时内经历白昼与黑夜，我们称之为"真正的日子"。这种现象首先发生在春分和秋分前后。在三月下旬和九月下旬的南纬89°，一年中有几天太阳会沉入地平线，又从地平线上升起。远离极点往北，"真正的日子"变多，持续24小时极夜或极昼的天数变少。直到在南纬66° 33′ 6.6″，再也没有一天是完全的极昼或极夜，这条线叫作"南极圈"。

图1-7的时间地图将时间与纬度并置，显示一年中有极昼（浅黄色）和极夜（蓝色）的时间段。地图上的圆圈以两个纬度（大约每圈220千米）为单位表示与极点的距离。圆的周围标注月份，按顺时针表示一月到十二月。我将几个南极科学考察站的纬度标示在从极点向外辐射的同心圆的左上象限中。

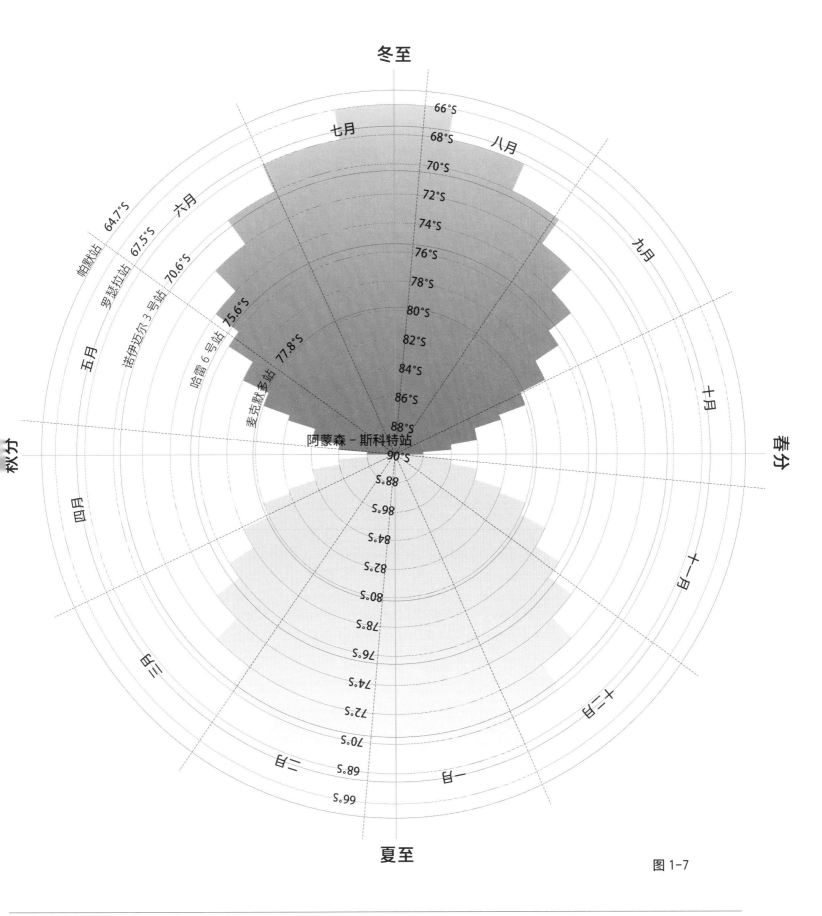

图 1-7

第二章

冰

8. 冰

在南极，冰至高无上。冰雪无处不在，冰冻的水以各种各样的形式定义了南极大陆。冰盖的平均厚度约为 2 千米，但厚度分布并不均匀。即使在南极大陆的中心附近，冰层也可能很薄，能看到露出水面的山峰；而在其他地区，冰盖的厚度能达到 5 千米。西南极冰盖和东南极冰盖下有巨大的深盆地，与一些大型冰川的集水区相连。这些集水区（见第 21 页）蕴藏着南极大陆绝大多数的冰。

兰伯特、伯德、里卡弗里和托滕集水区蕴藏了南极洲 40% 的冰。图 2-1 显示了冰的厚度分布，其中冰最厚的深盆地和冰下槽呈深蓝色，冰较薄的地方则呈浅蓝色。

那么南极到底有多少冰呢？

数量估算非常简单：冰盖平均厚度约为 2 千米，而南极大陆面积为 1,400 万平方千米，因此可以得出有 2,800 万立方千米的冰。而每立方米的冰重将近 1 吨，相当于总计有 26,000 万亿吨冰——26 后面加上十五个 0。如此重量的冰压在地壳上，将岩层压低了近 1 千米。

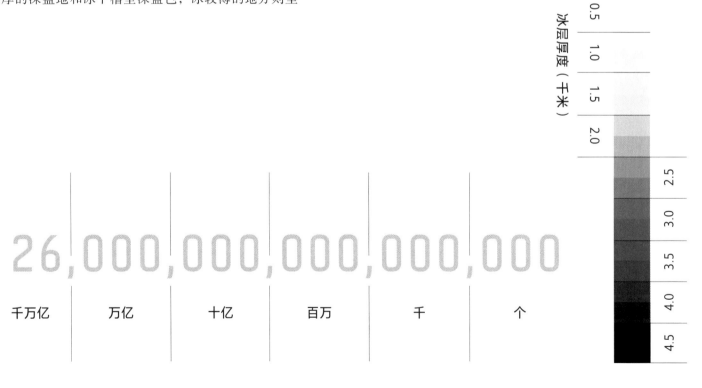

26,000,000,000,000,000

| 千万亿 | 万亿 | 十亿 | 百万 | 千 | 个 |

冰层厚度（千米）

| 0.5 |
| 1.0 |
| 1.5 |
| 2.0 |
| 2.5 |
| 3.0 |
| 3.5 |
| 4.0 |
| 4.5 |

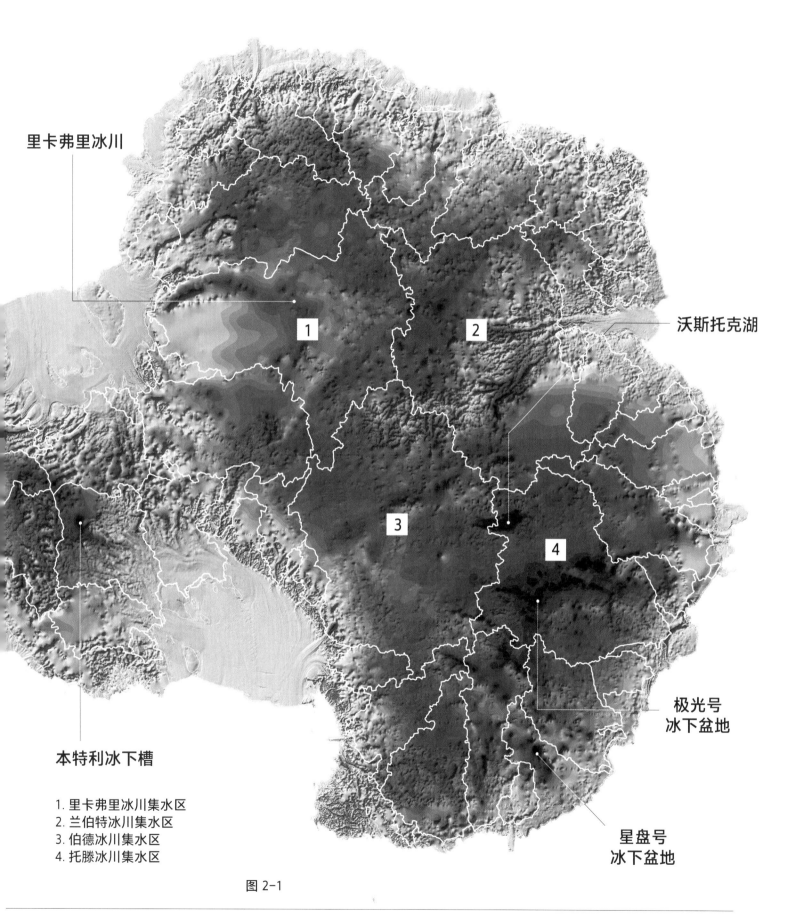

里卡弗里冰川

沃斯托克湖

本特利冰下槽

1. 里卡弗里冰川集水区
2. 兰伯特冰川集水区
3. 伯德冰川集水区
4. 托滕冰川集水区

极光号
冰下盆地

星盘号
冰下盆地

图 2-1

9. 冰流

南极洲是活动的，几乎整个大陆都在不断移动，就像一条冰封的河流流向海岸。在南极大陆中心，冰的移动速度极为缓慢，每年仅移动几毫米。但冰也会逐渐加快速度，它们在下坡时加速，在前进时变形和压缩，合并成排空陆地的巨大冰流。当冰抵达海洋时，它的移动速度可以达到每年 4 千米。

每座冰川都会集中一个特定的区域的水，也就是我们所说的冰川集水区。而南极洲最大的集水区与南非或哥伦比亚一样大。兰伯特、伯德、里卡弗里、托滕——这四大集水区中的每一个都有近 100 万平方千米，它们共同蕴藏了南极洲三分之一面积内的冰。

南极洲的极寒天气意味着地表的冰永远不会融化。因此，冰逃离冰盖的唯一途径是在海岸处以冰山的形式脱离。持续且不会融化的降雪使雪堆积起来，越来越厚，直到顶部积雪的重量将下层轻而蓬松的雪压缩成固态的冰。随着雪越积越多，厚度进一步增加，来自上方的巨大压力开始将冰晶挤压在一起，使它们相互滑动。这时，冰开始流动。流速主要由坡度决定——坡度越陡，流速越快。而南极洲的整体轮廓就像一只倒扣的碗——位于中心的冰面较为平坦，在海岸附近的则陡峭得多。在集水区交汇的地方（图 2-2 上的白色虚线处），流速几乎为零。这些线被称为"分冰岭"（ice divides）。

通常情况下，冰的总量基本不变，也就是说，沿海地区的冰川崩解与内陆降雪产生的新冰一样多。然而，随着气候的变化，降雪量也在变化。过多的雪会导致更高的积雪，并且由于冰不融化，最终会形成更高的冰面。这将导致坡度变陡，进而加快冰川形成的速度，并使更多的冰山脱离。因此在正常情况下，冰的总量会恢复并保持平衡。然而，当温暖的海水融化海岸的冰时，问题就出现了：这会导致冰川与海洋的交界线（ice fronts）向内陆撤退。当这种情况发生时，斜坡的坡度增加，流动速度加快，导致更多的冰川崩解，却并没有新的降雪进行补充，于是，失控的冰融过程开始了。

科学家们担心，在西南极洲的一些地区，比如派恩艾兰冰川和思韦茨冰川，这一进程已经开始。正如图 2-2 所示，这些地区的冰川流动速度最快。派恩艾兰冰川比地球上其他任何冰川失去的冰都多。它凭借一己之力造成了南极洲 25% 的冰流失，并且每年使全球海平面上升 0.2 毫米。到本世纪末，这些冰流以及其他类似的冰流可能会使海平面上升 1 米以上，这将导致许多沿海地区的城市和小岛处于危险之中。

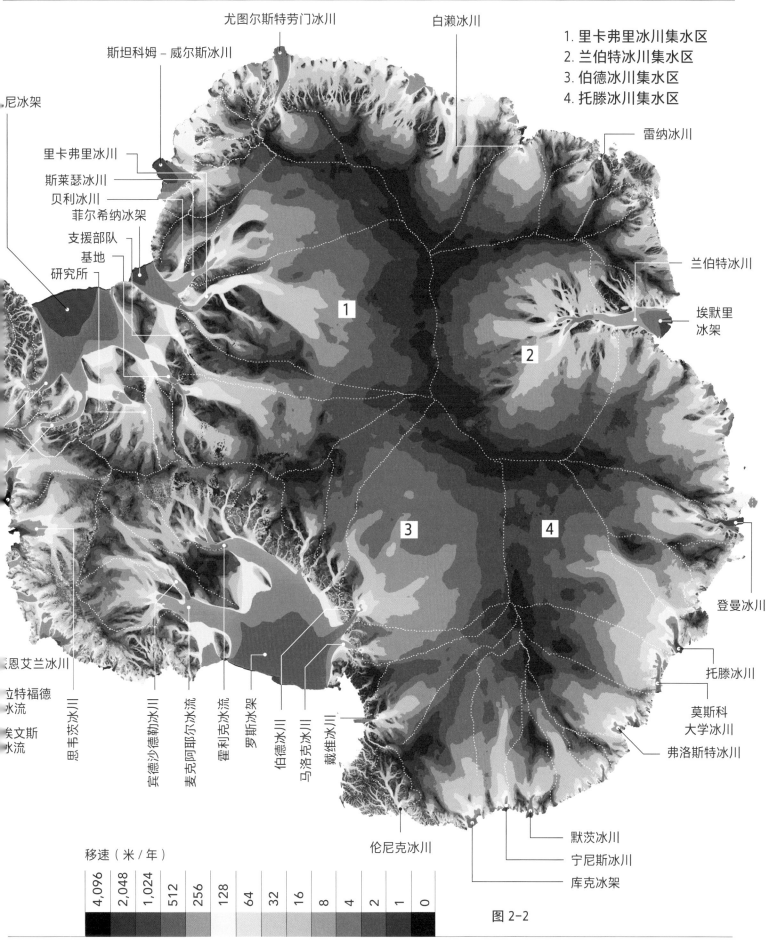

尤图尔斯特劳门冰川

斯坦科姆－威尔斯冰川

白濑冰川

1. 里卡弗里冰川集水区
2. 兰伯特冰川集水区
3. 伯德冰川集水区
4. 托滕冰川集水区

尼冰架

里卡弗里冰川

斯莱瑟冰川

贝利冰川

菲尔希纳冰架

支援部队

基地

研究所

雷纳冰川

兰伯特冰川

埃默里
冰架

登曼冰川

托滕冰川

莫斯科
大学冰川

弗洛斯特冰川

恩艾兰冰川

立特福德
水流

史文斯
水流

思韦茨冰川

宾德沙德勒冰川

麦克阿耶尔冰流

霍利克冰流

罗斯冰架

伯德冰川

马洛克冰川

戴维冰川

伦尼克冰川

默茨冰川

宁尼斯冰川

库克冰架

移速（米／年）

| 4,096 | 2,048 | 1,024 | 512 | 256 | 128 | 64 | 32 | 16 | 8 | 4 | 2 | 1 | 0 |

图 2-2

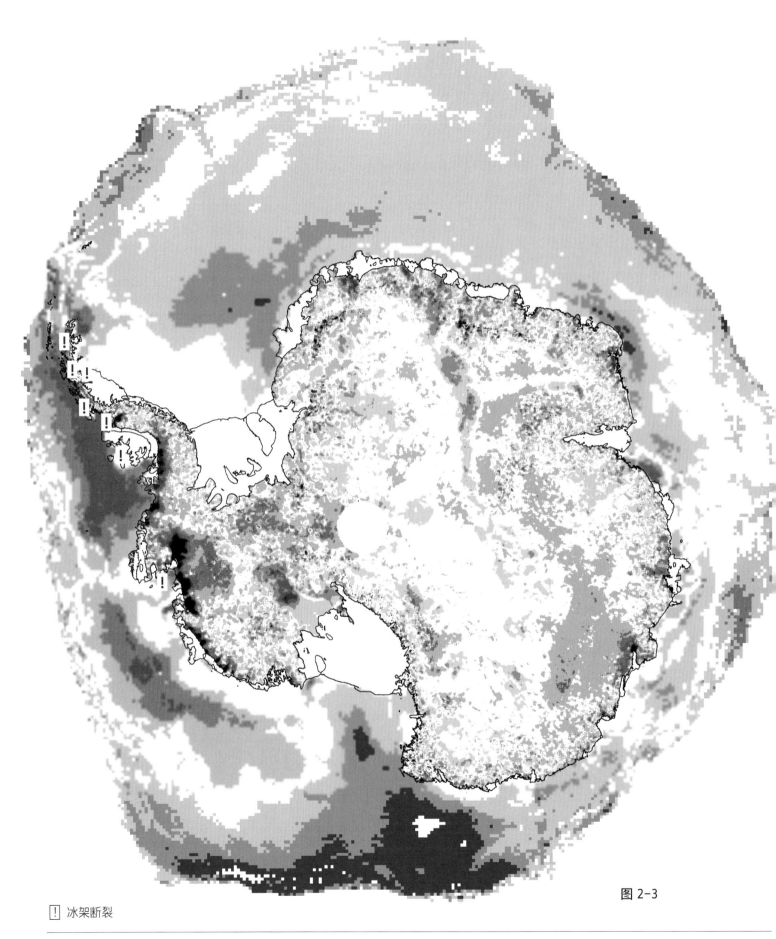

图 2-3

⚠ 冰架断裂

10. 变化的世界

南极洲正在发生变化。全球变暖为这片冰冻的大陆带来了改变，但与各处都在融化的北极不同，南极变化的信号并不那么清晰。

没错，气候正在变暖：在南极半岛的部分地区，气温上升的速度几乎比全球任何其他地方都快。西南极洲阿蒙森海的冰川正在迅速融化，它们是对全球海平面上升影响最大的冰川。南极半岛周围的海冰正在消失，该地区的冰架正在像多米诺骨牌一样坍塌。然而在东南极洲，情况正好相反。那里冰盖的质量不断增加；在一些地区，气温正在下降，海冰正在增加（有关这个现象的更多细节，可参阅第 71 页）。总体而言，变化的模式尚不明确。南极大陆的一些地区冰量大幅下降，而另一些地区却有可观的增加，由于互相抵消，总冰量几乎是持平的。总的来说，南极洲冰川冰总量略有减少，海冰面积则略有增加（大约每十年增加 1%）。

图 2-3 显示了变化的模式。红色区域表示冰量（包括海上的海冰和陆上的冰川冰）的减少；而蓝色区域表示冰量的增加。关于海冰，地图上展示了每年海冰覆盖面积的变化量。在一些地区，一年中的冰季持续时间缩短了四天。关于陆上冰，即冰盖和冰川，地图上展示了它们的高度变化。同样在这些地区，每年多至 2 米高的冰流失，超过了冰量的总增幅。阿蒙森海周围、派恩艾兰冰川口和思韦茨冰川口附近，这些海冰流失最严重的地区也遭遇了最严重的陆上冰流失。同样，罗斯海域那些海冰增加最多的地区也是陆上冰增加最多的地区。

这些变化对我们所有人都有影响。陆上冰的融化使得全球海平面上升（见第 24 页），而海冰覆盖面积的变化可能会扰乱全球大洋环流（见第 86 页），并对当地野生生物造成毁灭性影响（见第 98 页）。

冰季持续时间的变化
1979、1980 年至 2011、2012 年（天/年）

< −4　　　　　0　　　　　> 4

冰盖的海拔变化（米/年）

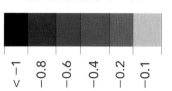

< −1　−0.8　−0.6　−0.4　−0.2　−0.1

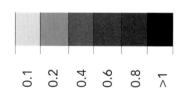

0.1　0.2　0.4　0.6　0.8　>1

11. 溺水的海岸

如果南极洲融化，海平面上升，其影响不会局限于某个地区。南极洲的冰融化不仅会导致南半球海平面上升，也会导致北半球海平面相同幅度的上升。如果南极洲的冰全部融化，全球海平面将上升58米，淹没英格兰东部、荷兰、孟加拉国和全球许多其他低洼沿海地区。再加上格陵兰岛和高山冰川融化的冰，冰川冰造成的海平面上升可能超过66米。因此，理论上说，所有海拔低于66米的地区——在图2-5上以暗红色表示——都会被淹没。幸运的是，南极洲的大部分地区不太可能很快融化。即使在未来经历最糟糕的气候变化，东南极广阔的冰盖也将需要数千年的时间才会融化。

南极洲更脆弱的地区，即西南极洲和南极半岛，更容易受到气候快速变化的影响。这两个地区连同格陵兰岛和高山冰川已经在经历一场被许多科学家认为是不可逆转的转变。根据目前对全球温度变化的预测，这些地区大部分的冰可能会在几个世纪内融化，这将使全球海平面上升约13米。图2-5上以浅红色表示海拔在13米以下、可能在海水面前不堪一击的区域。我们可以看到，许多沿海地区将深受其害；一些地势低洼的国家可能会被淹没；许多地区将受到威胁，包括英格兰东部和美国佛罗里达州，以及马尔代夫、孟加拉国和中国部分地区的热带岛屿——它们都有大片脆弱的低洼地区。并且，这些低洼地区还拥有大量人口。

另外，地图对于未来海平面上升的预测并不十分精准，实际情况会更糟：地图仅根据所有大洋的平均海平面上升幅度绘制，而实际上赤道附近区域的上升幅度要高于靠近两极的区域。这是因为南极地区冰盖上数十亿吨的冰具有引力，而当它们融化时，大量的水将重新流入海洋；那时，由于受到两极的引力减少，这些水将更多地流向热带地区。因此，孟加拉国、中国、美国和一些热带岛屿受海平面上升影响的程度将比图中显示的更加严重。

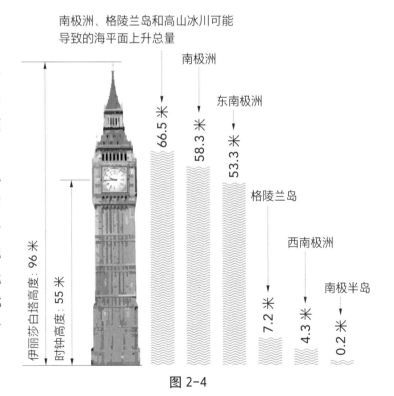

南极洲、格陵兰岛和高山冰川可能
导致的海平面上升总量

图 2-4

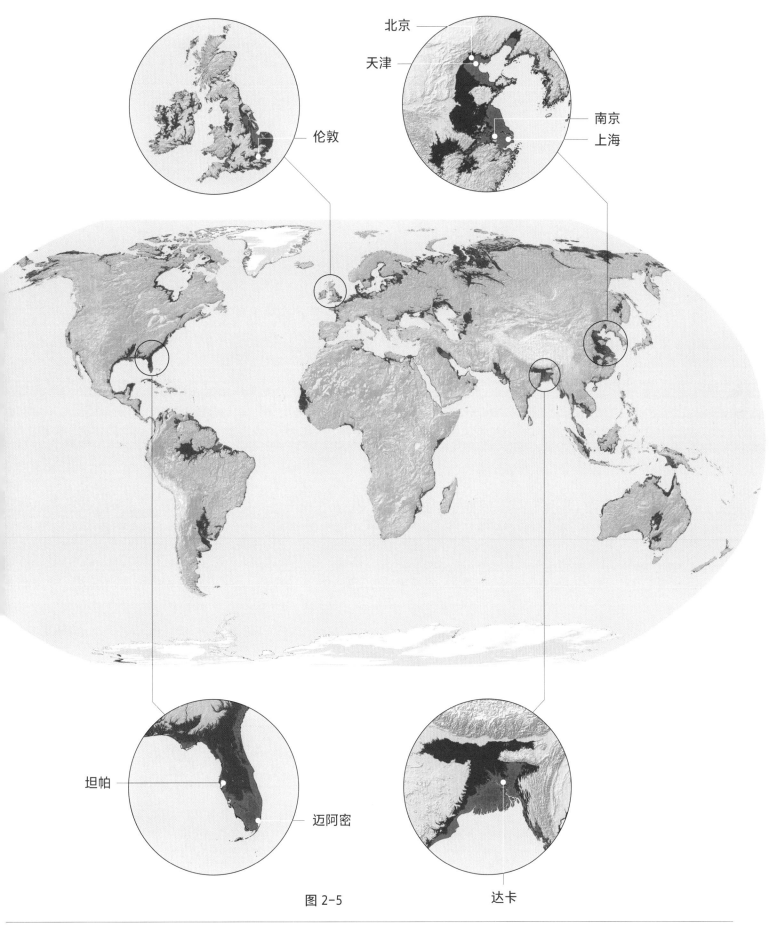

北京
天津
南京
上海
伦敦
坦帕
迈阿密
达卡

图 2-5

12. 冰盖的剖析

几乎整个南极洲都被永久冻结的冰雪覆盖，只有极小部分（约 0.25%）是裸露的岩石。南极洲多种形式的冰像一张空白的画布，在南极微弱的阳光下呈现出各种各样的色彩——从冰层深处的钴蓝色到太阳掠过地平线时海冰呈现出的淡粉色和赭色。冰是美丽的，但也可能是致命的。在一些地方，冰裂隙开裂，巨大的裂缝穿透数百米直达冰层深处。在如此险恶的地形上旅行是一件危险的事情，许多南极探险者和科学家为此殒命。

冰是不断变化的。当雪落下时，它会沉降并被更多的雪覆盖。这种雪会逐渐被压缩并转化成冰。随着时间的推移，来自上方越来越多的雪和冰的压力使冰晶变形，冰开始移动。在不知不觉中，冰缓慢地向下坡移动，在到达海岸之前，它们已流动了数百千米甚至数千千米。一片降落在南极大陆中部的雪花可能需要一百万年甚至更长的时间才能重回海洋。

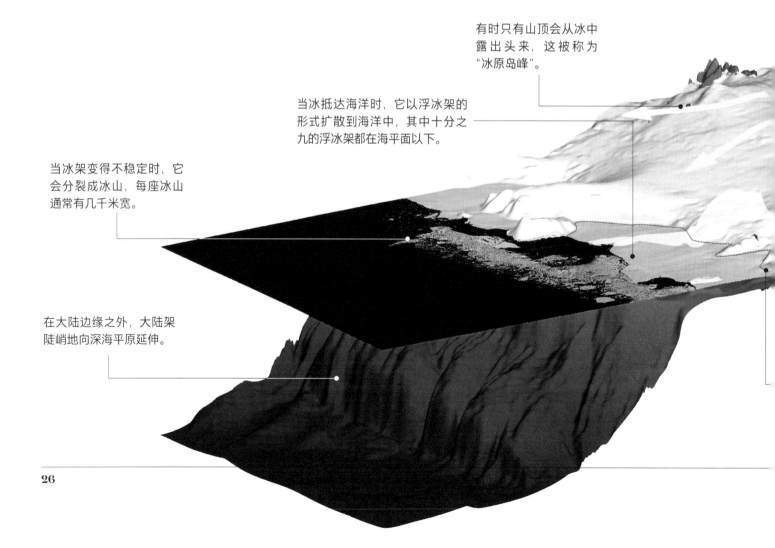

有时只有山顶会从冰中露出头来，这被称为"冰原岛峰"。

当冰抵达海洋时，它以浮冰架的形式扩散到海洋中，其中十分之九的浮冰架都在海平面以下。

当冰架变得不稳定时，它会分裂成冰山，每座冰山通常有几千米宽。

在大陆边缘之外，大陆架陡峭地向深海平原延伸。

通常，在大陆的边缘，山脉阻挡了冰盖流动，从而阻挡了大量的冰。在这里，冰流必须穿过山脉，在岩石上冲出又宽又深的通道。最终，经过数千千米和数万年的奔波，冰到达海洋，但它的旅程仍未结束。海岸周围的海水温度低于0℃，因此冰不会融化，冰流流入大海。由于冰比水轻，浮力使冰漂浮，其底部

与岩石层分离。这些浮冰舌与其他冰川融合，形成巨大的浮冰架。从陆地的阻力中解脱出来后，冰流动得更快，通常以每天几米的速度移动，直到最后，在风暴和潮汐的冲击下，冰架裂缝的末端和冰的末端裂开，形成巨大的平顶冰山。

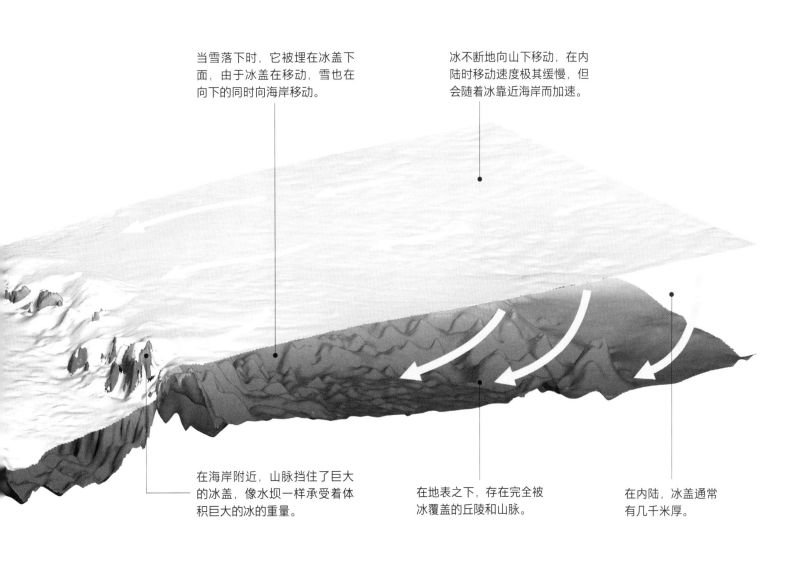

当雪落下时，它被埋在冰盖下面，由于冰盖在移动，雪也在向下的同时向海岸移动。

冰不断地向山下移动，在内陆时移动速度极其缓慢，但会随着冰靠近海岸而加速。

在海岸附近，山脉挡住了巨大的冰盖，像水坝一样承受着体积巨大的冰的重量。

在地表之下，存在完全被冰覆盖的丘陵和山脉。

在内陆，冰盖通常有几千米厚。

冰层底部与岩石层分离的地方通常被称为"接地线"。

图 2-6

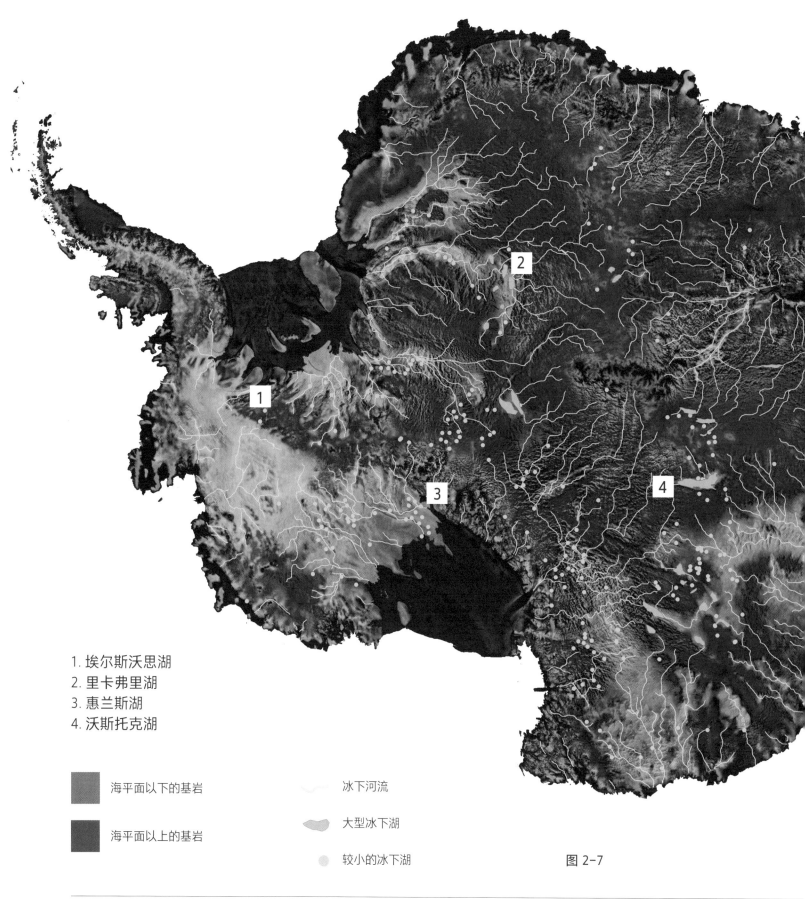

1. 埃尔斯沃思湖
2. 里卡弗里湖
3. 惠兰斯湖
4. 沃斯托克湖

海平面以下的基岩

海平面以上的基岩

冰下河流

大型冰下湖

较小的冰下湖

图 2-7

13. 冰层之下

在南极地区冰盖深处通常会发现液态水。南极大陆内部的冰川融水经由一个完整的湖泊和溪流网络，流向数千千米外的海岸。说来奇怪，在地面平均温度为 −50℃ 的南极大陆下，竟然会有液态水。

为什么会这样？首先，厚实的冰起到了极好的隔离作用，阻挡寒冷传递到冰盖底部，因此冰盖下的水不会结冰。其次，冰盖下的岩石会经常散发出少量的地热。再次，上层数千吨冰的重量产生了巨大的压力，水分子在压力下很难凝结成固体。因此，冰的重量和少量的热量使得水可以在 0℃ 以下以液体形式存在。

冰层下有水、河流和湖泊，自成一个世界。这些湖泊有些很大，其中最大的湖是沃斯托克湖（又称东方湖），它是世界上第十五大湖泊，大小与安大略湖相似。人们还发现了许多其他大型湖泊，它们多和冰川下的小溪与河流相连。科学家们可以通过冰面上细微的高度差异来观察湖水流动的变化。图 2-7 显示了目前我们所知的冰下水系。

沃斯托克冰下湖面积为 1.25 万平方千米，是世界上最大的冰下湖。图 2-8 展示了一个贯穿湖泊和湖面上方冰层的三维横截面。
- 冰面：海拔 3,520 米
- 冰深：4,030 米
- 湖面：海平面以下 510 米
- 湖深：870 米
- 湖底：海平面以下 1,380 米

图 2-8

14. 南极时光机

在南极洲，你可以回到过去。南极冰盖蕴藏着地球气候数十万年来的秘密历史。当雪落在南极地区，它从不融化，只是不断地堆积，年复一年，直到积雪达到几千米厚。当冰的重量压碎松软的雪花时，它首先将积雪变成一种叫作"粒雪"的粒状冰，最终变成坚实的冰川冰。当雪花落下时，最初被困在雪中的空气以小气泡的形式被埋在了坚硬的冰中，成了当年下雪时的大气和气候状况记录。

伴随着更多的降雪，原本位于表面的冰被埋得越来越深。因此，一般来说，冰层的位置越深，就越古老。但对于冰层年代的判断并没有那么简单。重达数吨的上层冰的压力使冰晶变形，冰开始流动，并且离大陆中心越远，流动速度越快。这保持了冰量的平衡，但也意味着，在冰更薄、移动更快的海岸处，冰更为年轻。最古老的冰则一直深藏在大陆内部的分冰岭——那里的冰流速度几乎为零。

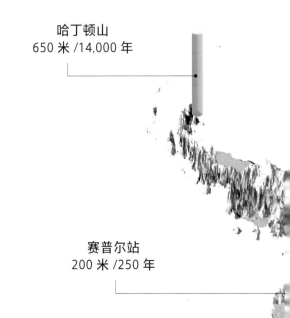

哈丁顿山
650 米 /14,000 年

赛普尔站
200 米 /250 年

图 2-9 展示了南极大陆上主要冰芯的位置、深度以及冰芯底部最古老冰的年龄。在过去的 50 年里，这些冰芯以及来自格陵兰岛的冰芯（与它们相似但更短），为我们提供了过去 75 万年地球气候的详细情况。冰层深处的微小气泡向我们展示了人类是如何改变全球大气，以及随着我们燃烧更多的化石燃料，二氧化碳和其他温室气体是如何增加的。这些冰芯是证明温室效应和人类活动引起气候变化理论的确凿证据。

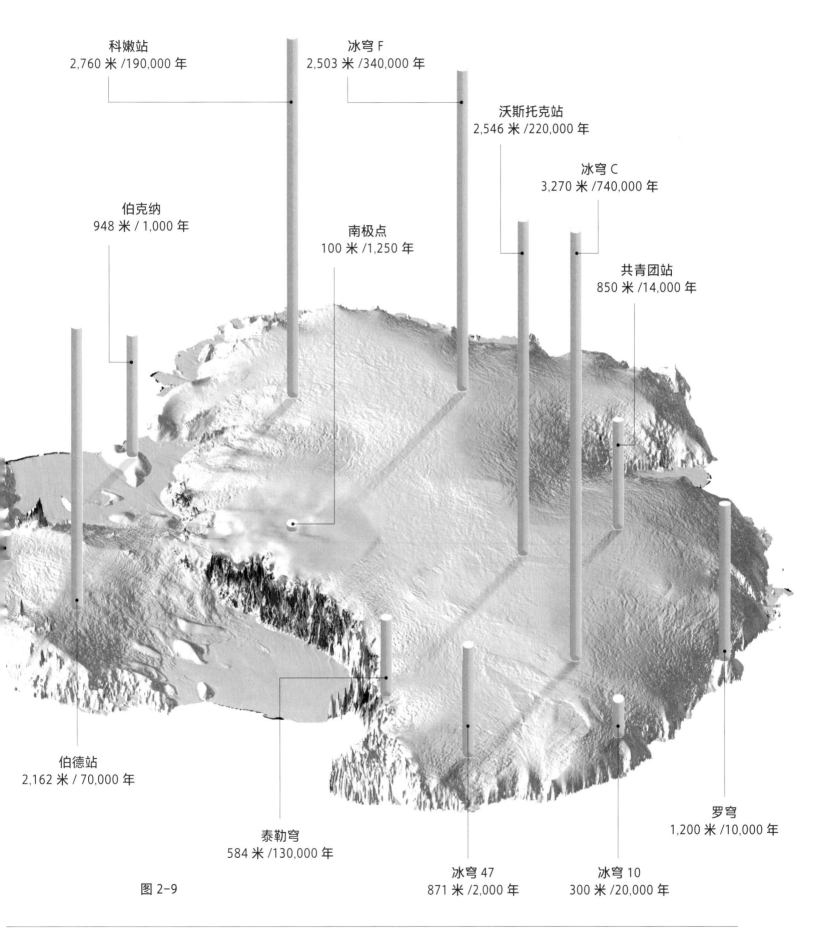

科嫩站
2,760 米 /190,000 年

冰穹 F
2,503 米 /340,000 年

沃斯托克站
2,546 米 /220,000 年

冰穹 C
3,270 米 /740,000 年

伯克纳
948 米 / 1,000 年

南极点
100 米 /1,250 年

共青团站
850 米 /14,000 年

伯德站
2,162 米 / 70,000 年

罗穹
1,200 米 /10,000 年

图 2-9

泰勒穹
584 米 /130,000 年

冰穹 47
871 米 /2,000 年

冰穹 10
300 米 /20,000 年

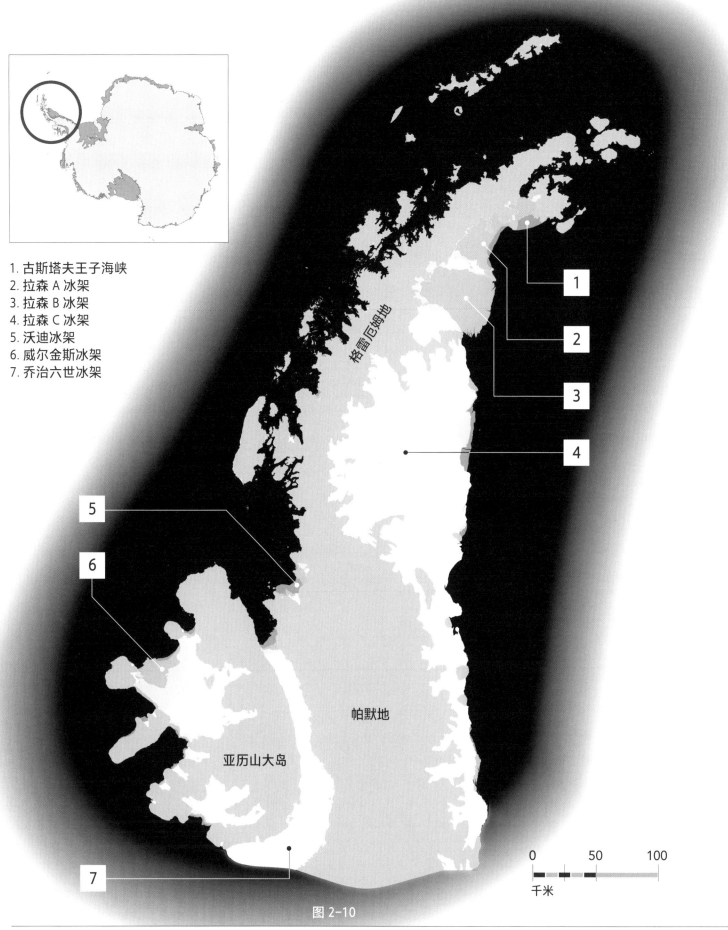

1. 古斯塔夫王子海峡
2. 拉森 A 冰架
3. 拉森 B 冰架
4. 拉森 C 冰架
5. 沃迪冰架
6. 威尔金斯冰架
7. 乔治六世冰架

格雷厄姆地

帕默地

亚历山大岛

图 2-10

15. 逐渐萎缩的冰架

在南极洲，能够最明显地反映气候变化的迹象之一是南极半岛冰架的解体。图 2-10 展示了这些变化：深蓝色区域表示早期流失的冰架，浅蓝色区域表示最近断裂的冰架，白色区域表示仍然存在的冰架，灰色区域则表示陆地冰。

虽然南极大陆的大部分地区还没有像许多全球其他地区一样成为气候变暖的受害者，但南极半岛（南极洲温度最高的地区）却出现了急剧变暖。在过去的 50 年里，南极半岛部分地区的温度上升了 4℃ 以上，这是地球上最为严重的区域性变暖，并产生了严重的后果：冰川退缩，更多的岩石裸露在外，冰架崩塌。这种情况始于 20 世纪 50 年代，最北部冰架——古斯塔夫王子海峡冰架逐渐消退，最终在 20 世纪 80 年代崩解。自那以后，随着南极第三大冰架——拉森冰架[1] 的部分崩塌，这一趋势开始向南蔓延。首先是北部的拉森 A 冰架，接下来是拉森 B 冰架，共计有 3,250 平方千米的冰崩解。现在，仅存的拉森 C 冰架也显示出越来越不稳定的迹象：在 2017 年，一座面积为 5,800 平方千米的巨型冰山从拉森 C 冰架崩解脱离。

尽管冰架的融化不会导致海平面的上升，但冰架流失意味着冰川和冰流不再受到限制。冰架消失时，冰川会加速向海洋排放更多的冰和水，从而导致海平面上升。与冰架不同，冰川融水确实会导致全球海平面上升（见第 24 页）。因此，冰架被称为防止南极冰流失的"玻璃瓶塞"。

冰架的年代

现在

2016 年

2008 年

2000—2010 年

1980—1990 年

1950—1960 年

1　译者注：拉森冰架可再被细分为 3 块不同的冰架区域，从北到南依次是：拉森 A、拉森 B、拉森 C。

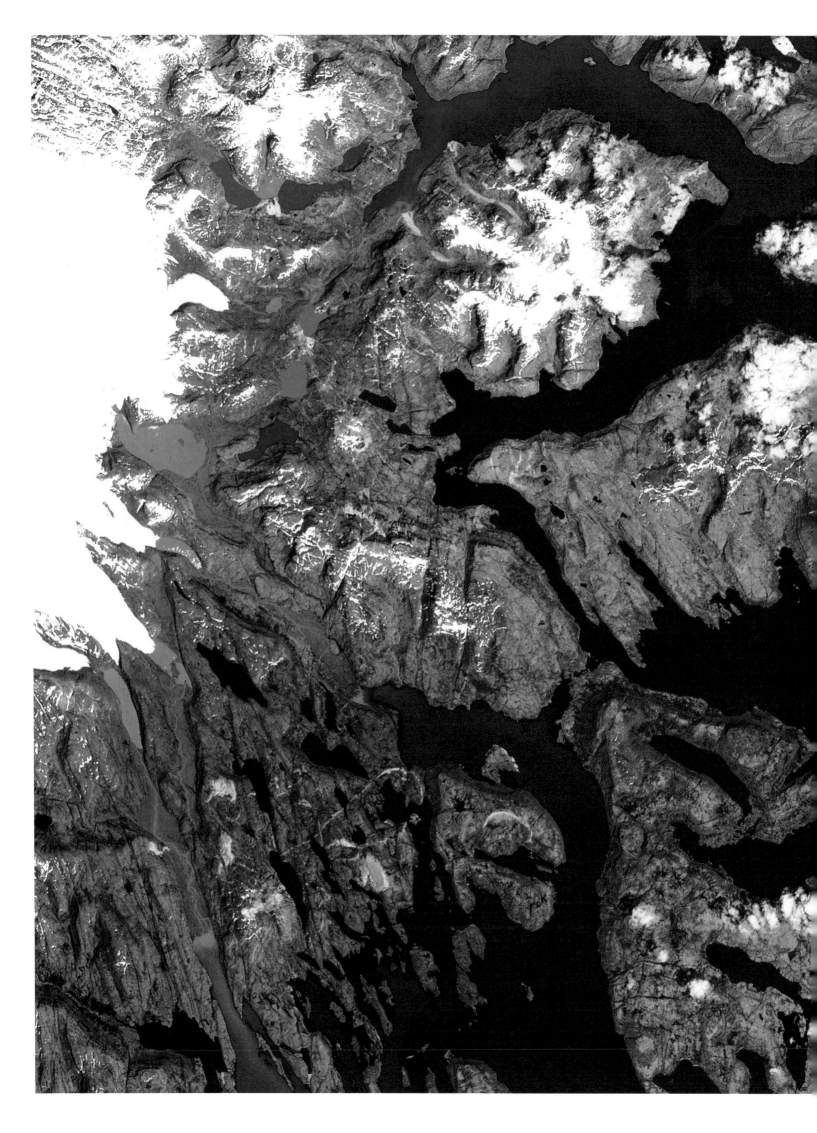

第三章

陆地

16. 冰下的岩石

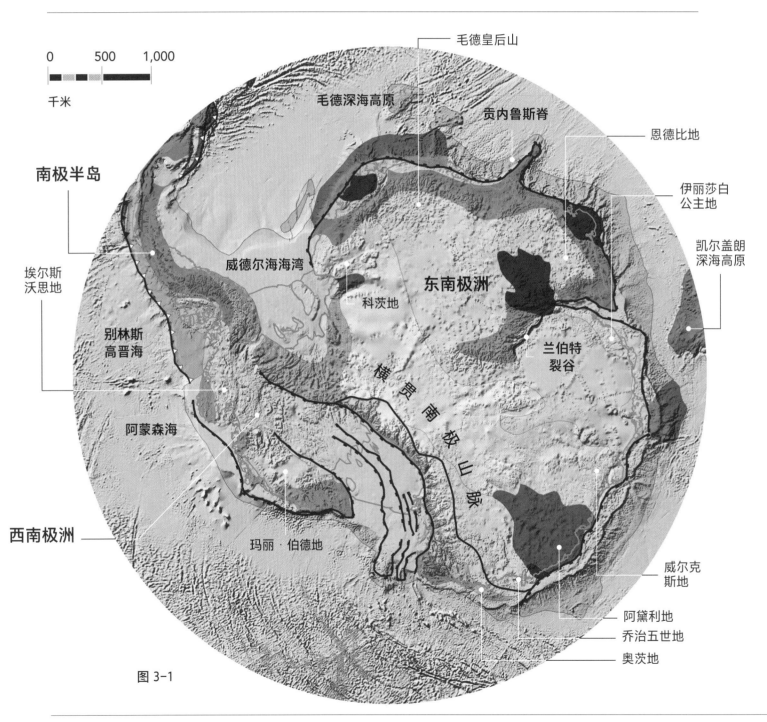

毛德皇后山

毛德深海高原

贡内鲁斯脊

恩德比地

南极半岛

伊丽莎白
公主地

威德尔海海湾

东南极洲

凯尔盖朗
深海高原

埃尔斯
沃思地

科茨地

别林斯
高晋海

兰伯特
裂谷

横贯南极山脉

阿蒙森海

西南极洲

威尔克
斯地

玛丽·伯德地

阿黛利地

乔治五世地

奥茨地

图 3-1

弄清南极洲的地质情况是一项十分棘手的工程。在南极大陆，只有极小部分的岩石（约0.25%）暴露于冰层之上，而南极内陆的广阔地区则根本没有岩石，只有一层又一层、深达数千米的冰。露出地面的岩层通常位于偏僻之地，难以接近且周围都是裂缝，因此地质学家很难对它们展开研究。想要了解冰层下的岩石就更难了：科学家们必须解读重力和磁力的细微差别，才能研究这些完全无法触及的岩石。而对于科研有利的一点是，这里没有土壤和植被。在更温和的气候下，岩石通常被厚厚的土壤层覆盖，被乔木和灌木所隐藏。但在这个地球上最寒冷的地方，几乎没有土

壤，并且除了地衣和偶尔出现的一小片苔藓之外没有任何植物，因此岩石是裸露而洁净的。

图3-1、图3-2显示了南极冰层上下的地质情况，展示了目前人类对南极大陆地质结构的了解。南极大陆可以被大致分为两部分：古老的东南极洲以及年轻的西南极洲和南极半岛。我们认为东南极洲很古老，有几亿年的历史，大部分都位于最深的冰层之下，许多地区的地质情况仍然未知。西南极洲则更为年轻，大部分是在过去的两亿年中形成的，其地质情况所经历的变化也大不相同。

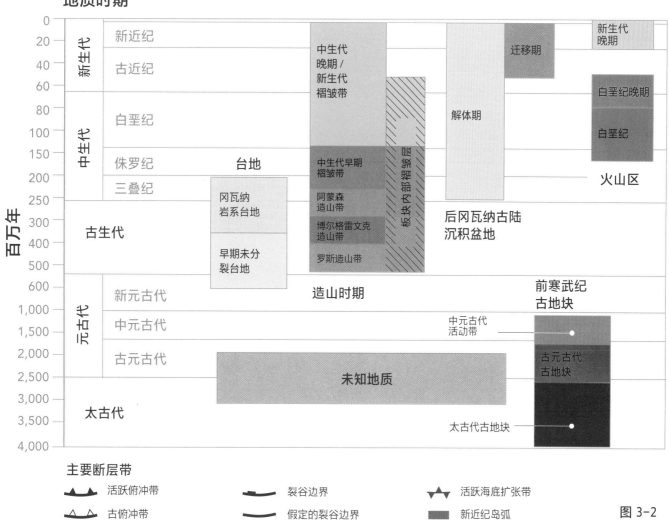

图 3-2

17.隐藏的世界

隐藏在南极地区冰盖下的是一个神秘世界。南极大陆被冰雪覆盖的表面可能看起来光滑平坦，但在冰雪之下却有着复杂的地形地貌。与其他任何大陆一样，那里有山脉、河流、湖泊、丘陵、山谷和平原。可是没有人会看到这片土地，因为它被埋在厚达4千米的冰下。某些地方的冰层掩盖了足以匹敌阿尔卑斯山的庞大山脉，而在其他地区，你在冰下发现的峡谷甚至比著名的美国大峡谷更长。偶尔，在冰层较薄的地方，人们会看到一些露出地表的山峰——它们被称作冰原岛峰。

图 3-3 展示了南极洲冰下岩层的地貌。颜色代表了基岩的高度：蓝色表示海平面以下，黄色表示海平面以上，红色则表示海拔最高的山脉。

最新的南极科学地形图"BedMachine Antarctica"为我们揭开了冰层下地形的神秘面纱，它所依照的数据集是综合了许多不同的勘测技术得出的，其中包括无线电回声测深、地震数据、重力建模和近海声呐——图 3-3 也是根据这一数据集绘制而成的。"BedMachine Antarctica"提供的信息对于建立冰盖模型至关重要，因而有助于预测未来几年的冰盖融化情况。

地图上的地名

1. 沙克尔顿山脉
2. 彭萨科拉山脉
3. 埃尔斯沃思山脉
4. 埃尔斯沃思冰下高地
5. 布兰斯菲尔德海峡
6. 彼得一世岛
7. 德热尔拉什海山
8. 派恩艾兰冰川
9. 思韦茨冰川
10. 执委山脉
11. 弗拉德山脉
12. 毛德海姆岭

13. 蒂尔槽
14. 里卡弗里湖
15. 甘布尔采夫冰下山脉
16. 沃斯托克冰下高地
17. 罗斯岛
18. 莫森浅滩
19. 伊瑟琳浅滩
20. 斯科特海山
21. 巴勒尼群岛
22. 贡内鲁斯脊
23. 查尔斯王子山脉
24. 埃默里盆地

25. 西兰伯特裂谷
26. 东兰伯特裂谷
27. 凯尔盖朗深海高原
28. 沃斯托克冰下湖
29. 登曼冰川
30. 极光号冰下盆地
31. 托滕冰川
32. 决心号冰下高地
33. 星盘号冰下盆地
34. 威尔克斯冰下盆地
35. 伯德冰川

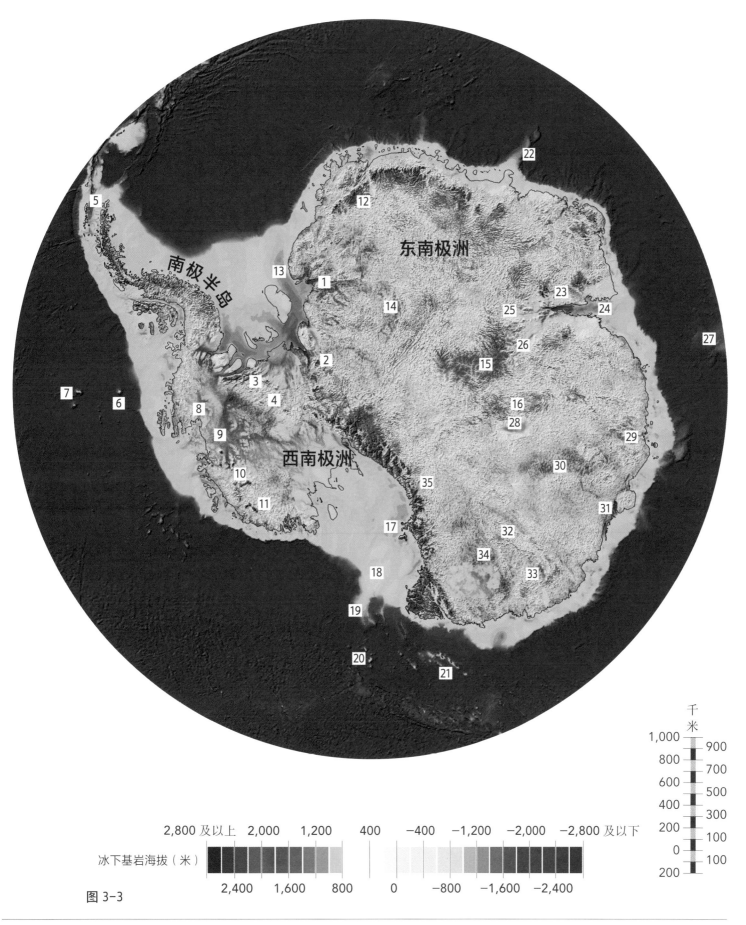

东南极洲

南极半岛

西南极洲

图 3-3

千米

1,000
800
600
400
200
0
200

900
700
500
300
100
0
100
200

2,800 及以上　2,000　1,200　　　400　　　−400　　−1,200　　−2,000　　−2,800 及以下

冰下基岩海拔（米）

2,400　　1,600　　800　　　0　　　−800　　−1,600　　−2,400

18. 南极洲的形成

南极洲并非生来就被冰雪覆盖，也并非一直处在世界的尽头，它曾经是冈瓦纳古陆的一部分。冈瓦纳古陆又称"南方大陆"，包括今天的南美洲、非洲、澳大利亚、南极洲以及印度半岛和阿拉伯半岛。在缓慢而不可阻挡的板块构造压力下，大约 1.6 亿年前，巨大的陆地开始分裂。南极半岛曾与安第斯山脉相连，是安第斯山脉的一部分，如今，半岛的岩石仍然与南美洲山脉的岩石非常相似。最初的东南极洲与南非、印度、澳大利亚和新西兰相连，但这些大陆板块最终分裂并向北漂移：第一个分离的陆地是南非，然后是印度、

澳大利亚和新西兰，而同时东南极洲则在慢慢漂向南极。

最终，在大约 3,000 万年前，南极半岛脱离了南美洲，让南大洋在整个南极大陆周围自由流动。这使得南极大陆远离了更温和的气候，并阻止了温暖的空气和海水流向南方。这种隔离导致南极大陆温度的大幅下降，冰首先在大陆中心堆积，并逐年增多，最终覆盖了这片曾有树木和恐龙存活过的陆地，甚至以巨大冰架的形态流入海洋。曾经绿意盎然的土地被埋在几千米深的冰层下，在接下来的 3,000 万年里再也无法沐浴阳光。

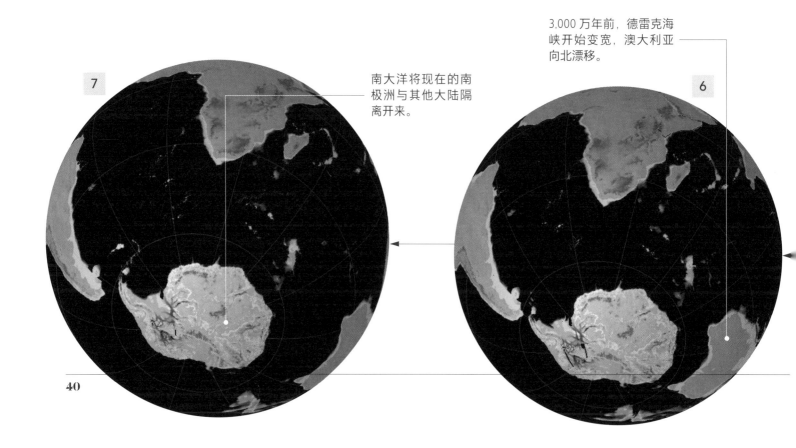

3,000 万年前，德雷克海峡开始变宽，澳大利亚向北漂移。

南大洋将现在的南极洲与其他大陆隔离开来。

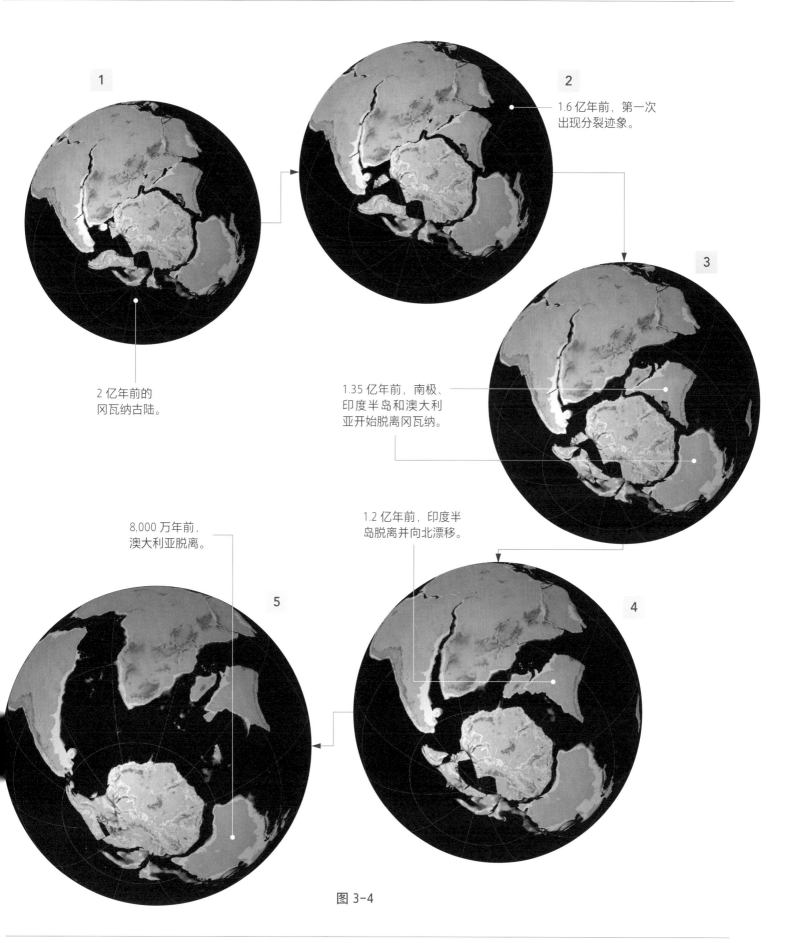

1

2億年前的
冈瓦纳古陆。

2

1.6億年前，第一次
出现分裂迹象。

3

1.35億年前，南极、
印度半岛和澳大利
亚开始脱离冈瓦纳。

1.2億年前，印度半
岛脱离并向北漂移。

8,000万年前，
澳大利亚脱离。

5

4

图3-4

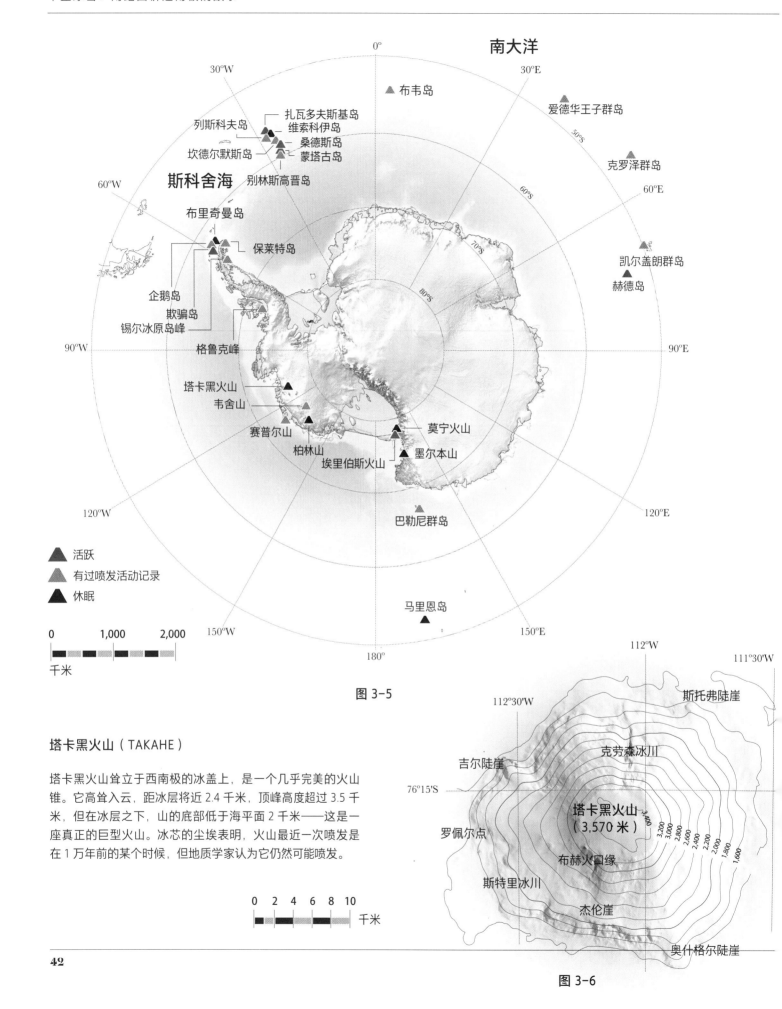

南大洋

斯科舍海

▲ 布韦岛

爱德华王子群岛

克罗泽群岛

凯尔盖朗群岛

赫德岛

扎瓦多夫斯基岛
维索科伊岛
列斯科夫岛
桑德斯岛
蒙塔古岛
坎德尔默斯岛
别林斯高晋岛

布里奇曼岛
保莱特岛
企鹅岛
欺骗岛
锡尔冰原岛峰
格鲁克峰

塔卡黑火山
韦舍山
赛普尔山
柏林山
埃里伯斯火山
莫宁火山
墨尔本山

巴勒尼群岛

马里恩岛

▲ 活跃

▲ 有过喷发活动记录

▲ 休眠

0　1,000　2,000
千米

图 3-5

塔卡黑火山（TAKAHE）

塔卡黑火山耸立于西南极的冰盖上，是一个几乎完美的火山锥。它高耸入云，距冰层将近 2.4 千米，顶峰高度超过 3.5 千米，但在冰层之下，山的底部低于海平面 2 千米——这是一座真正的巨型火山。冰芯的尘埃表明，火山最近一次喷发是在 1 万年前的某个时候，但地质学家认为它仍然可能喷发。

0　2　4　6　8　10
千米

斯托弗陡崖

克劳森冰川

吉尔陡崖

罗佩尔点

塔卡黑火山
（3,570 米）

3,400
3,200
3,000
2,800
2,400
2,200
2,000
1,800
1,600

布赫火口缘

斯特里冰川

杰伦崖

奥什格尔陡崖

图 3-6

19. 火山

南极洲有世界上最迷人的火山。地球上仅有的七个熔岩湖中就有两个在南极洲，此外还有巨大的休眠火山锥、难以捉摸的破火山口[1]和火山爆发后残留物堆积形成的火山口。本节中的这些地图展示了南极最具魅力的几座火山，以及位于南大洋及其周边的已知火山的概览图。冰盖下还有多少潜在的活火山仍然是个谜。一些科学家认为，西南极部分地区冰下火山的密度比地球上其他地方都高。当这些火山在冰下喷发时，会融化上层的冰，从而导致表面凹陷，而这些凹陷有时可以通过卫星图像观察到。

赛普尔山

赛普尔山是一座巨大的层状火山[2]，从西南极海岸陡峭地升起。和塔卡黑火山一样，它几乎完全对称。但和塔卡黑火山不同的是，赛普尔山从未被攀登过，它被认为是世界上最著名的未被攀登的山峰。尽管没有赛普尔山喷发的可靠目击记录，但附近冰芯中的灰烬表明这座火山在过去几千年里一直很活跃，尽管处于休眠状态，它仍有可能爆发。

千米

1 译者注：破火山口是火山爆发后中心塌陷而形成的巨大圆形凹陷。
2 编者注：层状火山又称为成层火山，是指由两种以上的简单类型的火山体组成的火山，世界上主要的火山均属此类。

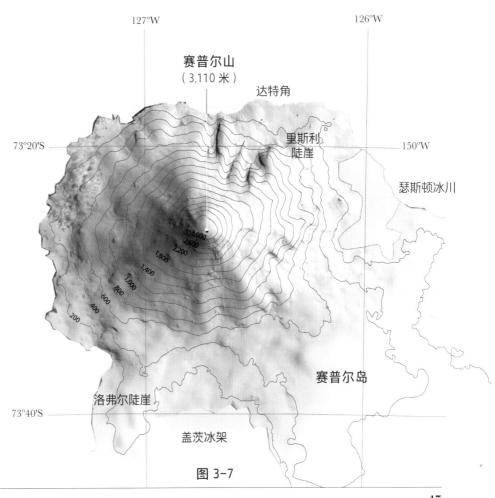

图 3-7

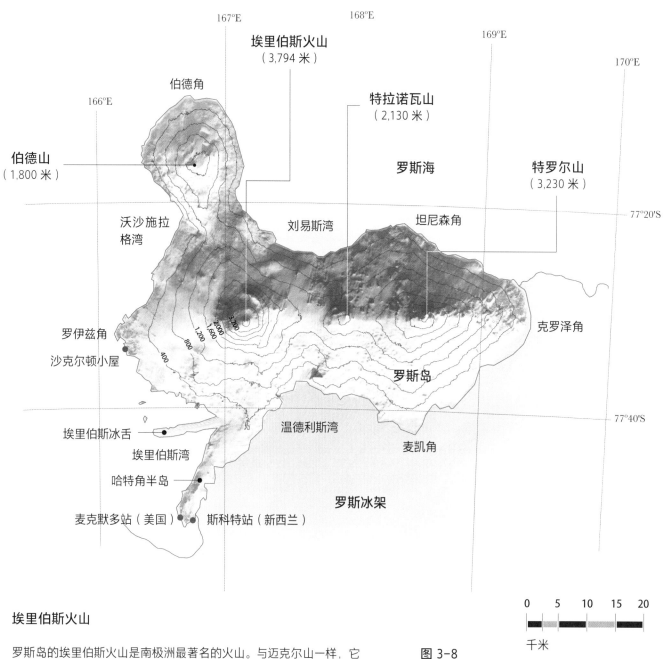

图 3-8

埃里伯斯火山

罗斯岛的埃里伯斯火山是南极洲最著名的火山。与迈克尔山一样，它也有一个罕见的开放式熔岩湖，自 19 世纪早期被探险家首次发现以来，已经喷发过多次。这是一座巨大的火山，海拔高达 3.8 千米，是罗斯岛上四座独立的火山锥之一，也是唯一的活火山。多年来，探险家们一直以冒烟的火山为地标来探索南极大陆的内部。这座岛屿今天仍然受到人们的青睐，两个大型研究基地位于哈特角半岛的尽头，紧靠着海岸，尽可能远离活跃的火山。

迈克尔山

桑德斯岛上的迈克尔山位于构造运动剧烈的南桑威奇群岛，其上至少有七座潜在的活火山。该岛一直很活跃，有一个罕见的开放式熔岩湖，是世界上仅有的七个熔岩湖之一。南极大陆另一边的埃里伯斯火山也有其中一个熔岩湖，但桑德斯岛上的熔岩湖的独特之处在于它从未被人类造访过。尽管人们已经登上了这座岛屿，但还没有人能够爬上陡峭的火山，从火山边缘窥视炽热的深渊。熔岩湖存在的唯一证据以及图 3-9 的制图依据都来自卫星图像，它向世人展示了火山口底部炽热的红色熔岩。

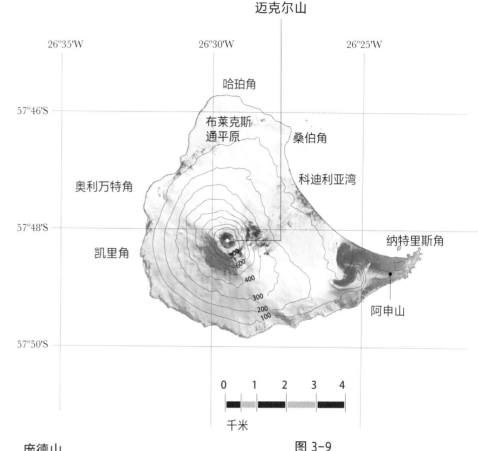

图 3-9

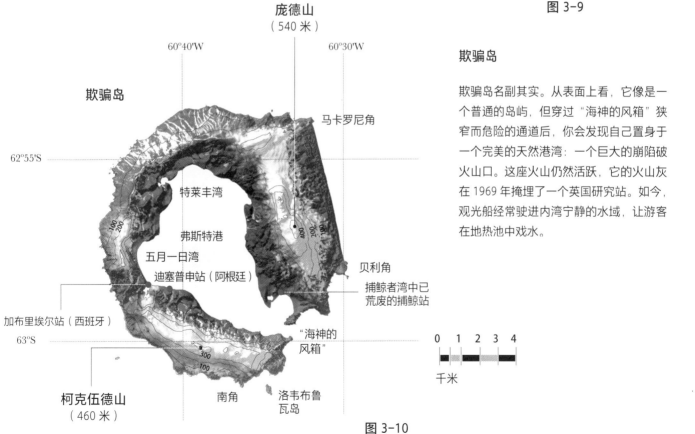

图 3-10

欺骗岛

欺骗岛名副其实。从表面上看，它像是一个普通的岛屿，但穿过"海神的风箱"狭窄而危险的通道后，你会发现自己置身于一个完美的天然港湾：一个巨大的崩陷破火山口。这座火山仍然活跃，它的火山灰在 1969 年掩埋了一个英国研究站。如今，观光船经常驶进内湾宁静的水域，让游客在地热池中戏水。

20. 震动的海洋

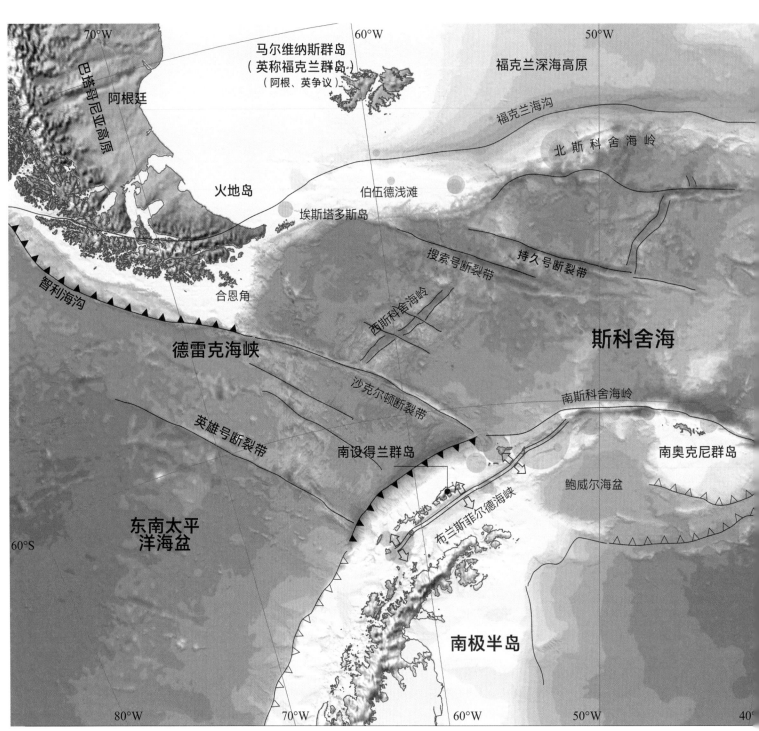

斯科舍海分隔了大西洋和南极洲，北邻南乔治亚岛和马尔维纳斯群岛，南邻南设得兰群岛和南奥克尼群岛，东邻南桑威奇群岛。这片海域通常波涛汹涌，生物生产力极高，但真正有趣的还要数它的地质状况。

斯科舍海被移动的板块边界所包围，是地球上地质活动最活跃的地区之一。它展示了构造活动的每一个可能例子，是一个完美的地质实验室。十几座火山从海底升起形成岛屿、带有海底热泉的海岭、深海海沟以及几个主要的活动断层。

这些构造运动的主要后果之一是频发的地震。图3-11标明了地震发生的地点，即斯科舍海的边缘，这个构造带被称为斯科舍岛弧。地震是活跃板块边缘的特征，南美、南极、斯科舍、南设得兰和南桑威奇板块的构造运动也不例外。地震最集中的地方是在斯科舍海的东部边缘。在这里，南美洲板块的洋底于南桑威奇海沟地带俯冲到地球的内部深处，而南桑威奇群岛所在的南桑威奇微板块则向东移动。正是在这里，随着地壳越来越深地沉入地球内部，发生了震区面积最广（用最大的圆圈表示）和震源最深（用深色圆圈表示）的地震。气体和水的释放导致了地下深处的物质熔化，从而造就了一些世界上最为活跃的火山——南桑威奇群岛的火山。

图 3-11

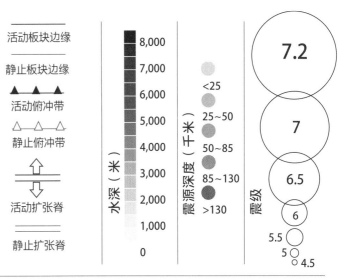

21. 地球上最干燥的地方

麦克默多干谷被许多人认为是地球上最干燥的地方之一。这里已经有 300 多万年没有下雨了，极低的湿度意味着即使是罕见的降雪也会在有机会融化之前迅速蒸发回到大气中。由于山谷顶部的山脉阻止了大陆内部的冰流动，这些山谷是无冰的，麦克默多干谷因此成为南极洲最大的裸露基岩区域。山谷的极度寒冷和干旱让高等生命的存在变得不可能。没有比细菌大的生物能够存活，山谷已死。美国国家航空航天局已经将此处用作未来探测火星的模拟条件区域。

矛盾的是，这个地球上最干燥的地方也是南极洲最大湖泊和最长河流的所在地。湖泊要在这里存在，需要像它们所处的环境一样极端，也就是说，湖泊需要被冰覆盖以阻止其蒸发，并且含有高盐分以保持液体状态。就像山谷一样，它们毫无生气。

在图 3-12 上，我将这个特殊地区内的一些最有趣的地貌用橙色标示出来。

1. **迷宫**：一系列被严重侵蚀的通道切入赖特谷的岬角。早期的探险者奋力在迷宫般的通道中穿行，他们把这个地区比作古希腊神话中的迷宫。

2. **林奈阶地**：在麦克默多干谷，细菌有着在其他地区通常由高等生物占据的生态位。这个阳光充足的阶地向我们展示了这些细菌群落是如何在岩石和土壤中生存的。

3. **维多利亚谷的沙丘**：沙漠有沙丘，麦克默多干谷也不例外。在这里，各种各样的沙丘横跨山谷，是南极大陆上唯一真正的沙丘。

4. **砾石地**：在奥尼克斯河延伸的地方有一块厚实的层板，在山谷中留下了马赛克般的脚踏石。

5. **奥尼克斯河**：流经赖特谷的融水溪流，全长 32.8 千米，是南极洲最长的河流。奥尼克斯河只在每年夏天的短短几周内存在，那时山谷里的温度会略高于冰点。奇特的是，奥尼克斯河远离海岸，发源于东部的冰川，流入山谷中心的范达湖，而在极度干旱的情况下，范达湖的融水最终会干涸。

6. **血瀑布**：一种富含氧化铁的红色含盐液体从泰勒冰川凸出的边缘流出，将那附近染成醒目的深血红色。

韦布冰川　　　堡垒　　　　斯庞瑟斯峰　　　　　　　哈克山
堡垒山　　　　　瓦什卡峭壁　　　　　　圣 约 翰 斯 山 脉
维 莱 特 山 脉　吉布森山嘴　沙漏湖　尼克尔峰　　片岩峰　　庞德峰
　　　　　　　　韦布湖　　瓦什卡湖　维多利亚　　　　炼狱峰　　舍弗勒脊
　　　　　　巴里克谷　　　　　　上湖　维 多　凯特溪
　　　　　　　　　　　　　因塞尔山　3　利 亚 谷　　杜尔利山　艾伦山
　　　　启示峰　　巴 勒 姆 谷　　　　　维达湖　　　　　　　威尔逊
谢普利斯山　　　因塞尔山脉　靶心湖　　　　托马斯湖　克拉克冰川　山麓冰川
吴解峰　　　　　　麦凯尔维谷　　刻耳柏洛斯山　忒修斯山　布朗沃斯湖　国王的别针
　　　　　　奥 林 波 斯 岭　布林山口　俄瑞斯忒斯山　　　　　　（King Pin）
　　瑟茜山　波瑞阿斯山　赫拉克勒斯山　　佩琉斯山　5　劳克山　纽沃尔山
阿波罗峰　狄多山　埃俄罗斯山　杰森山　奥尼克斯河　　　纽沃尔冰川
　　　　　　南福克　　　　　　　　　　　　　乌拉山　韦安特山
赖特上冰川　迷宫　北福克　范达湖　7　4　　　格伦达尔山　英联邦冰川
莱明山　　　1　迪亚斯　　　赖 特 谷　瓦尔基里山　麦列伦南山
巴尔德山　　　　唐胡安池　奥丁山　瓦尔哈拉山　　福尔克纳山
索尔山　林奈阶地　8　　　　　　　　　　　　加拿大冰川
弗雷亚山　2　厄特加尔峰　科勒锡厄姆崖　　　弗里克塞尔湖
奥利弗峰　尼伯龙门谷　　　奥贝利斯克山　霍尔湖
沃拉克峰　尼伯龙根隘口　布伦希尔德峰　贝奥武夫山
萨瑟兰峰　内陆堡垒　卡恩斯山　阿 斯 加 德 山 脉　维多利亚下冰川
西北山　圣保尔斯山　　　　　　　　马特洪峰　泰勒谷
朗德山　　　　　　　　　　邦尼湖　　　费拉尔冰川
豪斯湖　乔伊斯湖　　　血瀑布　6
皮 尔 斯 谷　　　泰勒下冰川　库克里丘陵
泰勒冰川　手指山　潘多拉尖峰　　　　布里尔利山　科茨山　森蒂纳尔峰
金字塔山　　西比肯　　　　　　161°E　　　　162°E　　　163°0'E
夸特梅因山脉

▲ **主要科考营地**

7. **赖特谷**：中央谷地。北边的山脉以古希腊的众
神和英雄命名，而南边山脉则以维京人和撒
克逊人的神话传说命名。在这里，奥林波斯山
的众神与横跨山谷的阿斯加德众神进行永恒的
对峙。

8. **唐胡安池**：这个浅水湖泊的含盐量约为40%，
是地球上盐分最高的湖泊。但生命依然存在，
已发现有几种细菌在唐胡安池繁衍生息。

图 3-12　　　　主图区域

22. 外来物种入侵

　　岛屿上通常有大量不成比例的独特物种，生态学家称之为"特有种"。数百万年的与世隔绝加上通常很少有捕食者，使得岛屿动物进化为极为特殊的生态位。总之，岛屿越是孤立，生活在那里的动植物就越是独特。

　　南大洋群岛是世界上最偏远的岛屿之一，拥有许多稀有、独特的物种。这在鸟类中尤为明显，特别是在环绕南极洲广阔而汹涌的水域中繁衍生息的信天翁和海燕。

　　特有种种群的维持需要生态稳定性，但人类的到来却给这些岛屿带来了灾难性的影响。狩猎和栖息地丧失造成了极大破坏，但也许最致命的是将非本地物种引入这些岛屿的生态系统。早期的水手和定居者带来了各种各样的动物：有时是有意的，比如作为食物的猪和驯鹿；有时是无意的，比如船上的猫和老鼠。这导致了许多南极物种的灭绝，即使"幸存"下来的

物种，其种群数量也在急速减少，岌岌可危。就拿在南极诸岛上土生土长的信天翁和海燕来说，陆地捕食者的缺乏使它们养成了地面筑巢的习性，因此猫和大鼠的到来是灾难性的。在许多地方，它们已经将鸟类赶出了南极大陆。如今，只有在少数几个入侵者无法到达的小石岛和海蚀柱上，许多本土鸟类才能安全地进行繁殖。

　　近年来，环保主义者和地方管理部门率先实施了"消灭入侵者"项目。南乔治亚岛上的大鼠和驯鹿已经被消灭。人们希望本土鸟类重新定居在它们曾经的栖息地，并通过其他保护措施，将这些独特的鸟类种群从灭绝的边缘恢复。

　　图3-13显示了入侵南大洋各个岛屿的非本地物种类型（橘色方框）、少数保持了原始生态环境的岛屿（绿色圆圈），以及已经通过消灭计划根除了的外来物种（橘色画线方框）。

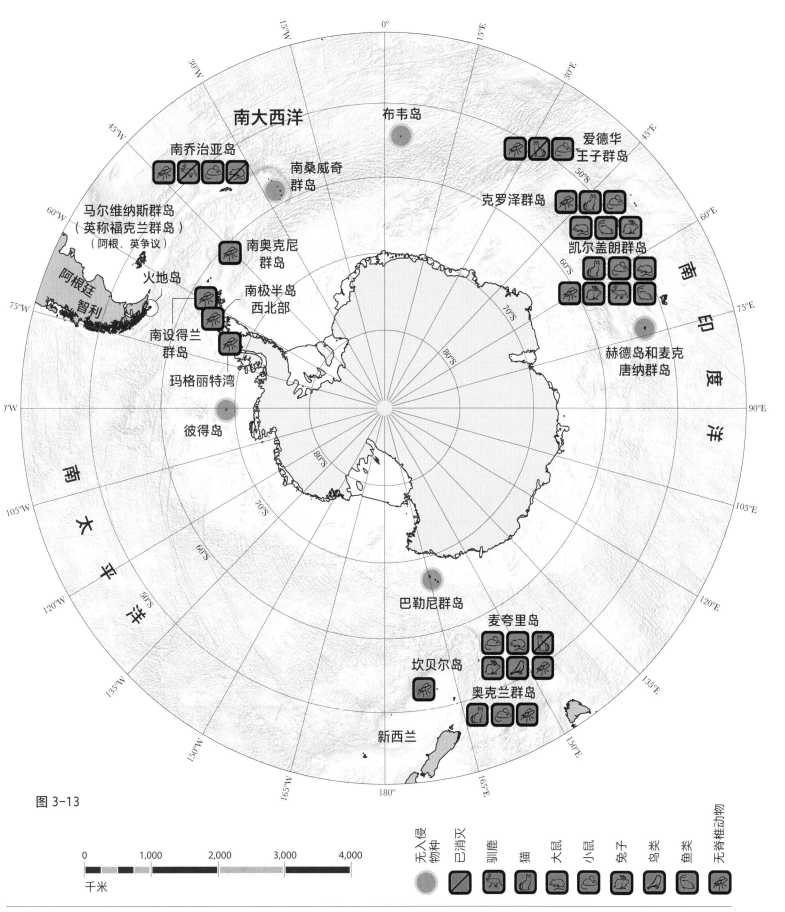

图 3-13

南大西洋

布韦岛

爱德华王子群岛

克罗泽群岛

凯尔盖朗群岛

赫德岛和麦克唐纳群岛

南桑威奇群岛

南乔治亚岛

马尔维纳斯群岛
（英称福克兰群岛）
（阿根、英争议）

阿根廷

智利

火地岛

南奥克尼群岛

南极半岛西北部

南设得兰群岛

玛格丽特湾

彼得岛

南太平洋

南印度洋

巴勒尼群岛

麦夸里岛

坎贝尔岛

奥克兰群岛

新西兰

0　1,000　2,000　3,000　4,000

千米

无入侵物种　已消灭　训鹿　猫　大鼠　小鼠　兔子　鸟类　鱼类　无脊椎动物

23. 雄伟的山脉

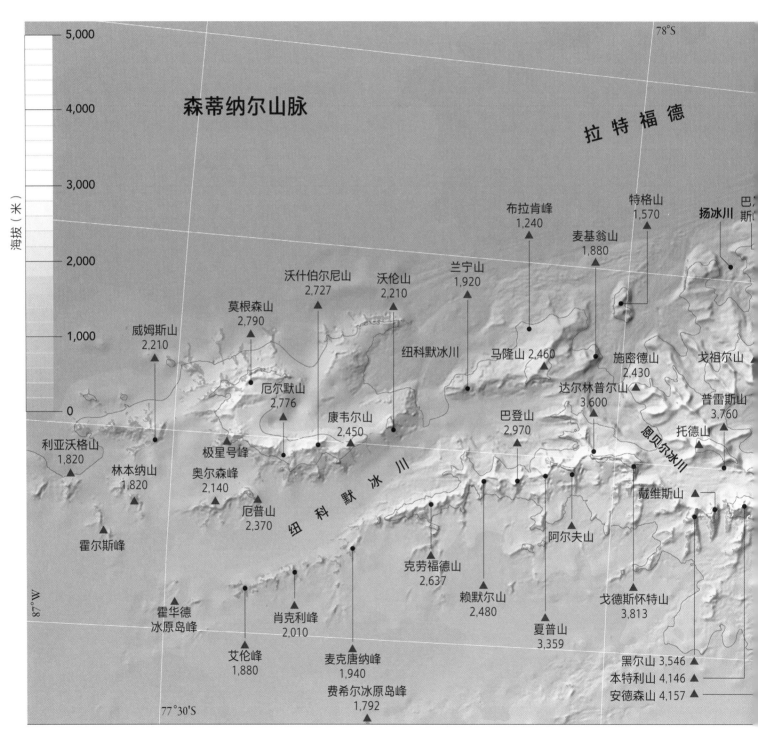

几乎整个南极洲的表面都被埋藏在冰层之下，只有小部分岩石从冰雪中探出头来——它们是山。这意味着山脉在冰冻的地貌中具有奇特的意义，也就是说，除了冰以外的一切都是山。

众多雄伟的山脉为南极大陆增光添彩。其中最为醒目的当是横贯南极山脉，它从南极洲的一边延伸到另一边，将整个大陆一分为二。这条巨大的山脉绵亘

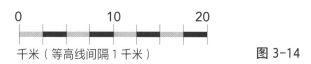

千米（等高线间隔1千米）

图 3-14

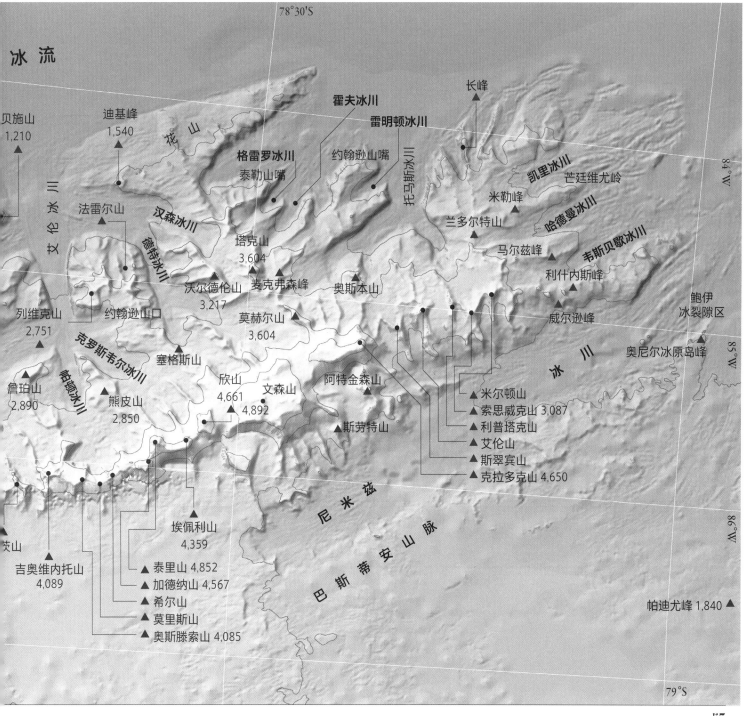

超过 3,500 千米，长度位列世界第四，它从西部与龙尼冰架接壤的阿根廷山脉开始，向南越过极点，沿着罗斯冰架的海岸一直延伸到南极洲的远东海岸。横贯南极山脉范围内的最高峰是海拔 4,528 米的柯克帕特里克山，然而它并不是南极洲的最高峰。南极大陆的最高峰是埃尔斯沃思山脉的文森山，海拔高达 4,892 米，对于许多以——登上七大洲的最高峰为梦想的登山者，文森山即是圣地。

图 3-14 展示了埃尔斯沃思山脉的主要部分，即森蒂纳尔山脉，包括文森山和南极洲其他四座最高峰：泰里山（海拔 4,852 米）、欣山（海拔 4,661 米）、克拉多克山（海拔 4,650 米）和加德纳山（海拔 4,567 米）。在北部，山脉与巨大的拉特福德冰流接壤，这是一条深而快速流动的冰河，宽度超过 25 千米，在向东数十千米处流入大海。文森山距离这条低洼的冰河只有 40 千米，从这片低陷的海岸冰河到高耸的山峰，路程十分险峻。

然而，文森山并不是最难爬的山，还有许多其他更陡峭更危险的山峰。在我看来，世界上最震撼人心的山脉是德里加尔斯基山脉，它是毛德皇后山脉的一部分。毛德皇后山脉拥有巨大的山地曲线，位于毛德皇后地海岸附近，由几个著名的山脉组成。德里加尔斯基山脉有许多荡魂摄魄的尖峰和尖顶，它们像长矛一样从冰盖上拔地而起。其中最著名的是乌尔维塔纳峰，又称"狼的尖牙"，它是攀岩爱好者和极限运动爱好者心中的传奇。

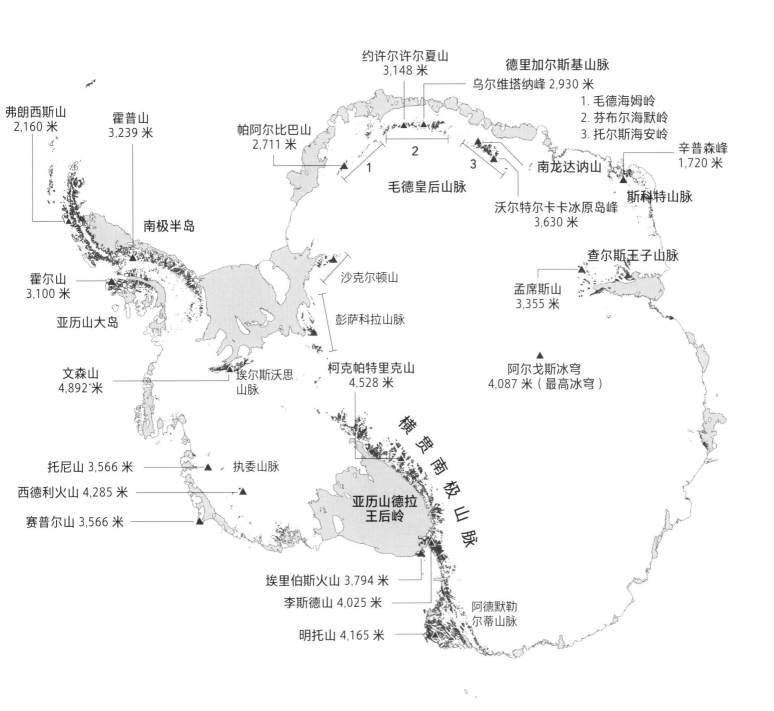

弗朗西斯山
2,160 米

霍普山
3,239 米

约许尔许尔夏山
3,148 米

德里加尔斯基山脉

乌尔维塔纳峰 2,930 米

1. 毛德海姆岭
2. 芬布尔海默岭
3. 托尔斯海安岭

帕阿尔比巴山
2,711 米

辛普森峰
1,720 米

南龙达讷山

斯科特山脉

毛德皇后山脉

南极半岛

沃尔特尔卡卡冰原岛峰
3,630 米

查尔斯王子山脉

霍尔山
3,100 米

沙克尔顿山

孟席斯山
3,355 米

亚历山大岛

彭萨科拉山脉

文森山
4,892 米

埃尔斯沃思
山脉

柯克帕特里克山
4,528 米

阿尔戈斯冰穹
4,087 米（最高冰穹）

托尼山 3,566 米

执委山脉

横贯南极山脉

西德利火山 4,285 米

赛普尔山 3,566 米

亚历山德拉
王后岭

埃里伯斯火山 3,794 米

李斯德山 4,025 米

阿德默勒
尔蒂山脉

明托山 4,165 米

图 3-15

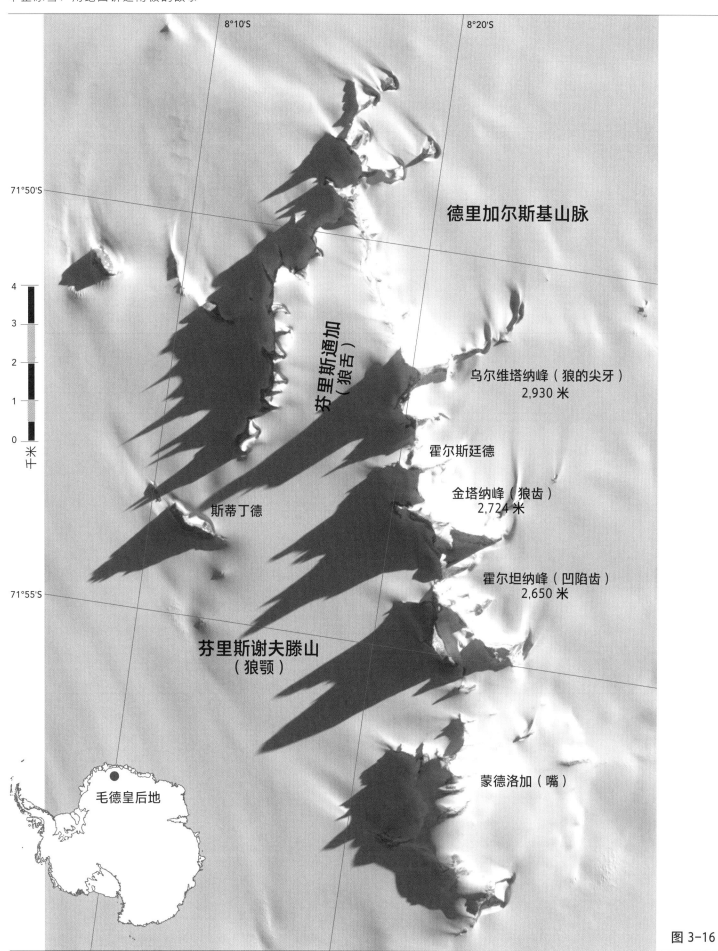

8°10'S

8°20'S

71°50'S

德里加尔斯基山脉

4
3
2
1
0

千米

芬里斯通加
（狼舌）

乌尔维塔纳峰（狼的尖牙）
2,930 米

霍尔斯廷德

斯蒂丁德

金塔纳峰（狼齿）
2,724 米

霍尔坦纳峰（凹陷齿）
2,650 米

71°55'S

芬里斯谢夫滕山
（狼颚）

毛德皇后地

蒙德洛加（嘴）

图 3-16

24. 世界的尽头的"狼"

隐藏在南极内陆深处冰层下的是芬里斯之颚。芬里斯（Fenris），有时也称为芬里尔（Fenrir），是北欧神话中可怕的魔狼。维京人相信，在他们所描述的世界末日——"诸神黄昏"中，芬里斯将醒来并为祸世间。这只巨狼会吞食日月，与众神之王奥丁战斗并将他杀死，最后被挪威的"复仇之神"维达杀死。

在东南极的德里加尔斯基山脉，坐落着一群形似巨狼之颚的山脉：芬里斯谢夫滕山，即"狼颚"，它的尖顶和尖刺就像狼的牙齿一样从嘴里突出来。这些山峰可以说是世界上最陡峭的山峰，图3-16上山峰的阴影展现了它们的锯齿状的轮廓。"狼的尖牙"乌尔维塔纳峰有近3千米高，是该范围内最高的山，处在"狼颚"中犬齿所在的位置。这座山有着地球上所有山峰中最高的垂直面，超过1千米的陡峭悬崖笔直地从冰层中拔地而起。

其他山峰也同样令人印象深刻，比如"狼齿"金塔纳峰和"凹陷齿"霍尔坦纳峰。群山之间光滑的圆顶冰帽被命名为芬里斯通加，即"狼舌"。

这样一个风景壮美的地方当然没有被人们忽视。如今，这些山已成为极限登山者和探险家们心目中的传奇。1994年，人类首次登上乌尔维塔纳峰，那是一次史诗般的极限攀登：在严寒和飓风级别的大风中，登山队花了16天才征服绝壁，登上顶峰。

第四章

大气

平均气温（℃）

10 0 −10 −20 −30 −40 −50

冬季平均风速
（米/秒）

0.1 0.5 1.0 2.5 5.0 10.0

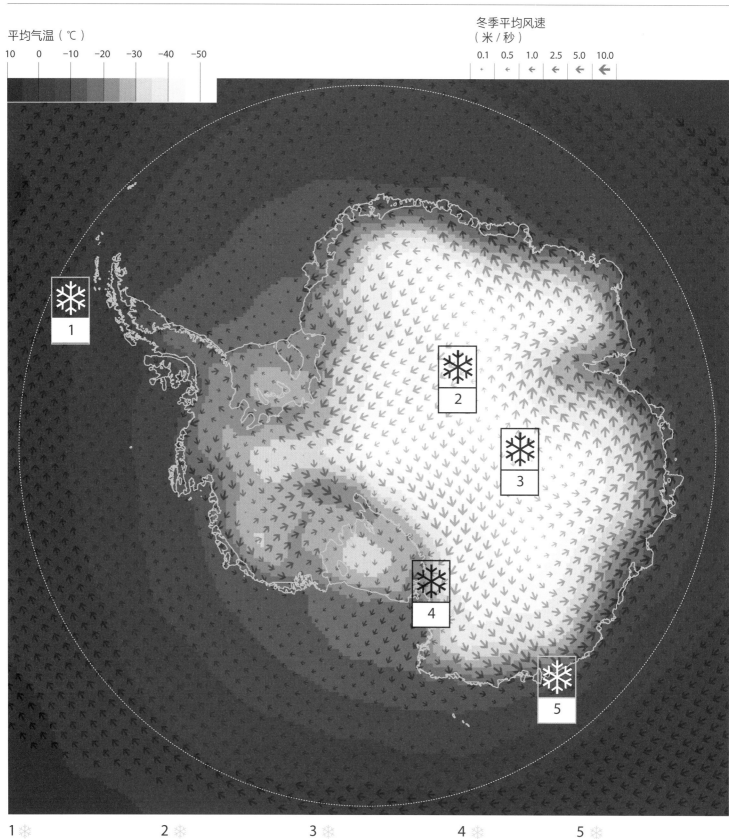

1 ❄	2 ❄	3 ❄	4 ❄	5 ❄
德雷克海峡	**冰穹 A 分冰岭**	**东方站**	**干谷**	**英联邦湾**
世界上最汹涌的海。	地球上最冷的地方：最低温度 −93℃，由卫星勘测。	地球上有人居住的最冷的地方：最低温度 −89℃。	地球上最干燥的地方之一。	地球上风力最大的地方之一：平均风速 50 英里/小时（约 22.4 米/秒）；最大风速 199 英里/小时（约 89 米/秒）。

图 4-1

25. 别忘了你的保暖衣

南极洲是地球上最寒冷、最干燥、最多风的大洲，其周围环绕着全世界最汹涌的海洋。极地高原的温度可以降至-80℃以下。创纪录的低温发生在东方站，也就是位于内陆深处冰盖高处的俄罗斯研究基地，曾经记录了-89.9℃的惊人低温。很难理解那到底有多冷，但人类的皮肤在-40℃以下就会瞬间结冰，因此在这种情况下外出是不可能的。

在冬天，许多地区都有异常强劲的寒风。那是从高处冰盖流下的寒冷而稠密的空气向海岸下沉。在黑暗的南极冬季，没有来自太阳的温暖，也就没有什么可以阻挡冷空气的流动。随着靠近海岸的冰盖变得越来越陡峭，刺骨的寒风沿着斜坡向下加速，当它们到达海平面时，这些呼啸的风会变得非常强劲。在东南极海岸的一些地方，平均风速超过每小时50英里（约每秒22.4米），这比地球上其他地方的平均风速都要大。在隆冬时节，那里的风速有时可以达到将近每小时200英里（约每秒89米），比五级飓风还要强。难怪命运多

舛的澳大利亚探险家道格拉斯·莫森将该地区命名为"暴风雪的故乡"，他是第一批在该地区过冬的人之一。

矛盾的是，南极洲也是地球上最干燥的大陆。降雨非常罕见，且仅限于较为温暖的南极半岛北端的盛夏。南极内陆大部分地区永远看不到液态水，只有冰和雪，甚至没有多少雪——有几个地方年降雪量不到2厘米。冷空气无法保存太多水分，致使大气非常干燥。因此，如果你去南极圈内的任何地方，记得带上一些润喉糖。在许多地区，强风带走了空气中仅存的少许水分。在罗斯海附近群山之间的麦克默多干谷中，这种干燥的风甚至蒸发了落下的小雪，只剩下焦干、光秃秃的岩石。科学家估计那里已经300多万年没下雨了。

图4-1显示了南极洲的风和温度情况。风用箭头表示，箭头的大小表示冬季平均风速的大小，箭头所指的方向表示风的平均方向。区域的颜色与冰层表面的年平均温度相关。白色区域所指的极地高原是南极洲最冷的地方。

26. 臭氧层空洞

臭氧是一种存在于地球大气中的天然气体。在距离地面 20 千米到 30 千米之间的平流层，臭氧含量最为丰富，是大气层其他部分的 30 倍，因此这一区域通常被称为"臭氧层"。然而即使在这个臭氧密度最大的地方，它的比例也只有十万分之一左右。虽然臭氧很稀有，但这种化学物质对地球上的所有生命都至关重要。臭氧保护世界免受太阳有害紫外线（UV）的危害，而紫外线会导致皮肤癌和白内障，并会抑制人体免疫系统功能。坏消息是，在南极洲上空，臭氧正在消失。那里的臭氧层上有个洞。

然而情况并非一直如此。其实直到 20 世纪 60 年代，南极上空的臭氧水平一直很稳定，但在 20 世纪 70 年代，臭氧水平开始骤降。到 20 世纪 80 年代初，臭氧的比例下降了三分之一，并于 1992 年达到最低水平，仅为正常值的 28%。

1984 年，英国南极调查局哈雷研究站的科学家们第一次注意到了这个问题（也有传言说，南极大陆的其他科学家更早地发现了这一趋势，但当时他们认为这种现象过于反常，以至于没当回事，认为一定是测量仪器出了问题）。当英国科学家公布他们的发现时，引发了一场风暴：臭氧层空洞不仅出现在了南极洲上空，而且还正在扩大。如果它继续扩大，将很快影响到南半球的一些国家，比如南美洲诸国和澳大利亚，并给这些国家的人们造成越来越严重的健康危害。

问题是，最初没有人知道为什么会出现这个洞，以及是什么导致了它的扩张。在科研协作、深入思考和一点运气的共同作用下，研究人员发现罪魁祸首是一种人造物质——氯氟烃（简称 CFCs）。这些气体通常用于制冷剂和气雾剂，但当它们释放到空气中时，它们几乎坚不可摧，只有暴露于紫外线时才会分解。因此，它们在大气中不停向上扩散，直到扩散至热带上空，并在那里被强烈的紫外线分解成基本的化学物质。然后，它们向极地移动，最后到达南极洲上空的臭氧层。在那里，氯会充当催化剂，来破坏周围的臭氧。南极洲上空的臭氧破坏情况最为严重，是因为只有南极洲的臭氧层才会形成云（这是超低温的结果），而当云层存在时，破坏臭氧的化学反应会更加强烈。

科学家们意识到了这个严重问题后，国际社会也迅速采取行动。由于有史以来最成功的环境保护公约之一[1]，氯氟烃和其他消耗臭氧的化学品被逐步淘汰，并最终被禁止。

臭氧层空洞停止扩张需要时间。臭氧层空洞的面积在 2006 年达到最大，但是现在科学家们相信，事情已经有了转机，臭氧层空洞正在慢慢开始缩小。也许可能需要一百年才能完全修复，但这场环境灾难已经由于人类在科学与政治方面的努力而得到补救。图 4-2 显示了自 1979 年以来臭氧层空洞的扩张和稳定情况。蓝色区域的臭氧浓度较低，绿色和红色区域的臭氧浓度较高。

---

1 编者注：此处应指《蒙特利尔议定书》。

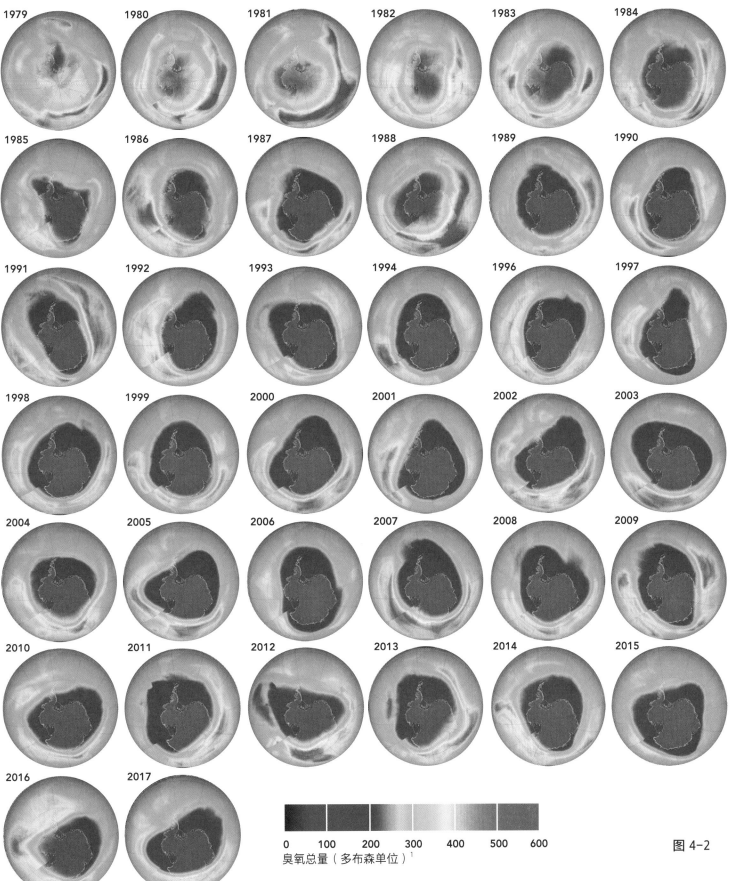

图 4-2

臭氧总量（多布森单位）[1]

1 译者注：多布森单位是用于衡量大气中臭氧柱状密度的单位。大气中臭氧主要来自臭氧层。1 个多布森单位是指在标准温度与标准压力下 0.01 毫米厚的臭氧层。

臭氧层空洞是一种季节性现象。在南极夏季结束的二月，臭氧水平相对稳定在 250～300 DU（DU 即多布森单位）。此时，臭氧水平由太阳光线和大气情况决定。在冬季的几个月里，南极洲不见天光，臭氧层形成了云。到了九月至十一月的南极春季，太阳再次从地平线上升起，紫外线与氯氟烃中的氯相互作用，迅速破坏臭氧。随着春天的流逝，大气变暖，云层消失，富含臭氧的大气就会再次笼罩南极洲上空。

图 4-3 显示了自 1970 年以来每五年在哈雷研究站测量的月平均臭氧水平。臭氧浓度用彩色线条表示，最久远的为深蓝色，距今最近的为深红色。由于在严寒的南极冬季（五月至八月）空间站处于完全黑暗的环境中，观测到的数据很少，因此该记录是不完整的。该图表明，在三月份，随着极夜的临近，臭氧水平相当稳定，自 20 世纪 70 年代以来没有太大变化。但在十月份，也就是南极的春季，臭氧水平就大不相同了：与早期相比，红线和粉线所代表的近期臭氧值非常低。在某些时期，臭氧水平还不到 20 世纪 70 年代初的一半。在过去十年里，十月份的最低点似乎略有上升，这可能表明禁止氯氟烃生产的国际公约已经奏效，臭氧层空洞已显现出缓慢修复的初步迹象。

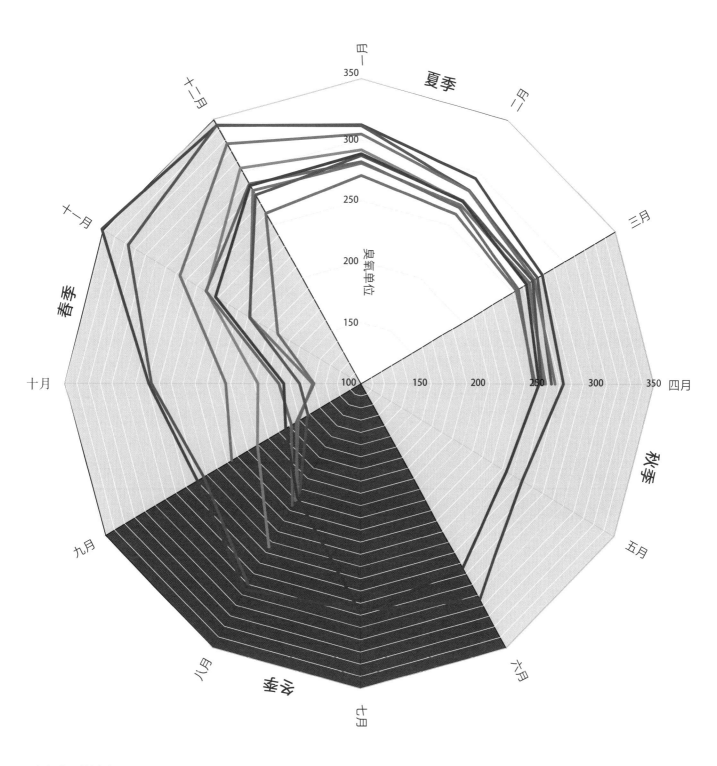

臭氧水平的波动

1970—1974	1985—1989	2000—2004
1975—1979	1990—1994	2005—2009
1980—1984	1995—1999	2010—2015

图 4-3

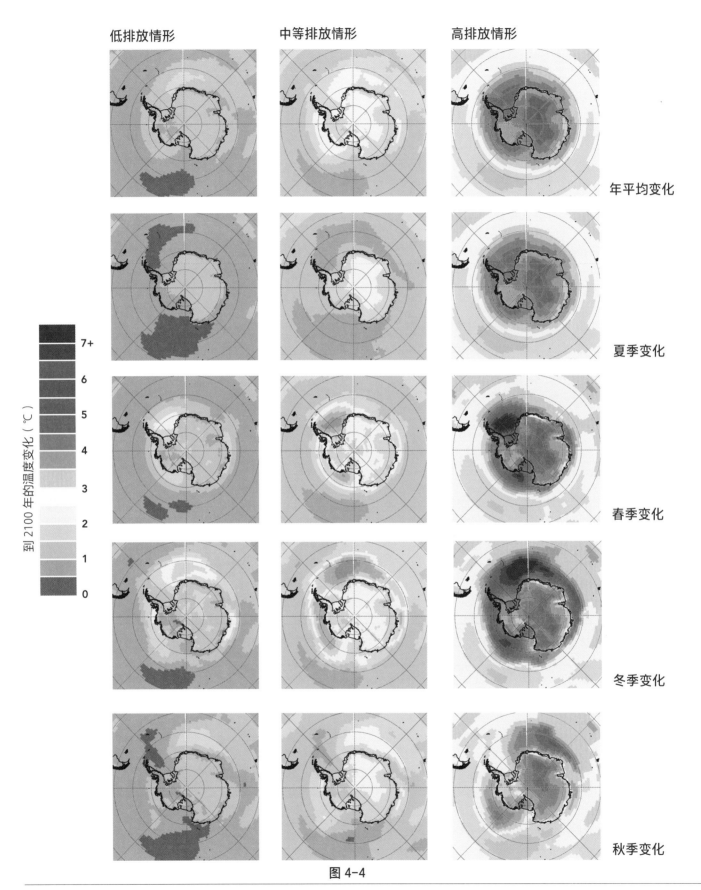

图 4-4

27. 未来在我们手中

　　既然预测几天后的天气都很困难，那么预测一百年后的地球气候就更是如此了。随着我们向大气中排放越来越多的温室气体（例如二氧化碳和甲烷），世界将会改变，许多地方将会变得更加温暖。了解气候变暖的程度和位置，对于世界各地政府和企业的长期规划至关重要。

　　科学家在强大的超级计算机上建立多参数模型，试图预测气候变化。这些模型极其复杂，其准确性每年都在提高，但有众多反馈模式和细微差别的地球系统错综复杂，因而仍有一些区域的分析需要进一步改进。其中最复杂的区域之一是南极洲。它与世界其他地方的巨大差异往往导致全球模型无法很好地应用于这片冰冻的大陆。然而，预测南极在2100年（及以后）气候变化的最难点在于对未来人类活动和温室气体排放量的预估。

　　图4-4显示了一些预测模型的最新估值，即到本世纪末南极洲表面温度变化的预测值，并且展示了年度变化和在四季的变化趋势。这五项预测有三种可能的情形，每一种情形都取决于未来二氧化碳和其他温室气体的排放量。第一种是"低排放情形"，预测如果人类通过使用完全可再生能源从根本上减少排放的结果。第二种是"中等排放情形"，预测如果到2100年气候变化驱动因素趋于稳定，即二氧化碳和其他温室气体的排放量不会超过目前水平的情况。第三种是"高排放情形"，预测如果人类继续增加温室气体的排放将会发生什么。

　　预测结果相当不容乐观：到2100年，在高排放情形下，南极洲的气温将上升4℃。在所有情形下，冬季海冰都会有所减少，因此冬季温度的增幅最大。在冬季，大陆周围的大部分海水结冰，亮白色的冰块反射了大部分太阳热量。如果没有冰，深色的海水就会吸收更多的能量，使周围地区变暖，温度升高。

　　此外，图上最引人注目的是我们减少排放的未来和我们不顾后果继续增加排放的未来之间的差异。从本质上来说，有些变化似乎是不可避免的，但世界在下一个世纪到来时将发生多大的改变实际上取决于人类自己。

28. 暴风雨天气

水手们对南大洋的惧怕是有充分理由的。在最南端海洋所处的纬度区域内航行是一段惊心动魄的难忘经历。在"咆哮40度"和"狂暴50度"的附近，风暴永不停息，飓风级的狂风总是在肆虐。这里的低压系统十分强大，不停地起旋涡，并且免受陆地的阻碍。强风和缺少陆地的环境使得海浪集聚成山一般高大，并产生强大的洋流。

图4-5中的卫星合成图像显示了南半球一日内的天气情况。虽然更靠北的地区几乎没有云，但南极洲周围的海洋，尤其是南纬50°～60°的海域，有大片旋涡状云区，这是该纬度带特有的巨大低压系统。虽然对于人类来说，极端天气意味着到访这些地区极具挑战性，但是风和海浪给海洋带来了能量，而这种能量带来了生机。最顶层海水的剧烈搅动提高了海洋生物的生产力，而由风驱动的强大洋流使营养物质从深海上涌。这些营养物质滋养着浮游生物，浮游生物又滋养着磷虾，而磷虾维持着南大洋丰富的食物网，支持着生活在南大洋的信天翁、企鹅、海豹和鲸鱼等种群。

风暴对人类来说，可能意味着糟糕的天气，但对于其他物种，却是生命不可或缺之物。

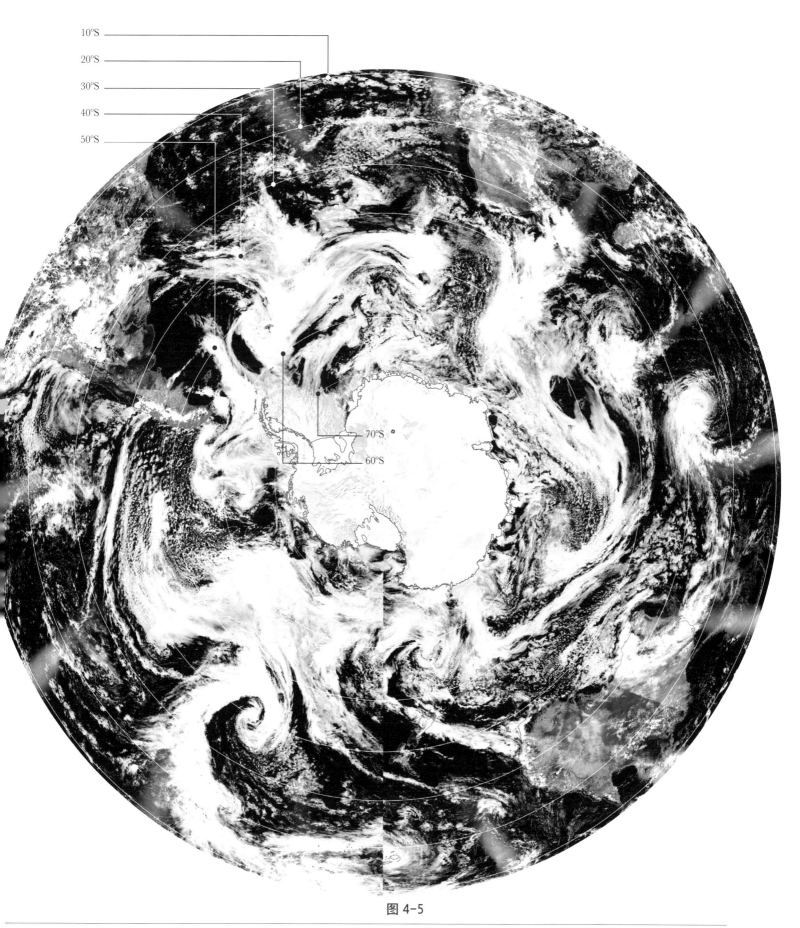

10°S
20°S
30°S
40°S
50°S

60°S
70°S

图 4-5

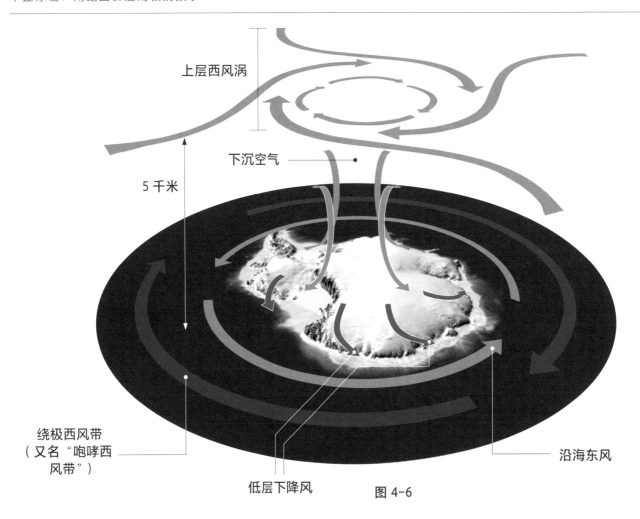

上层西风涡

下沉空气

5 千米

绕极西风带
（又名"咆哮西
风带"）

低层下降风

沿海东风

图 4-6

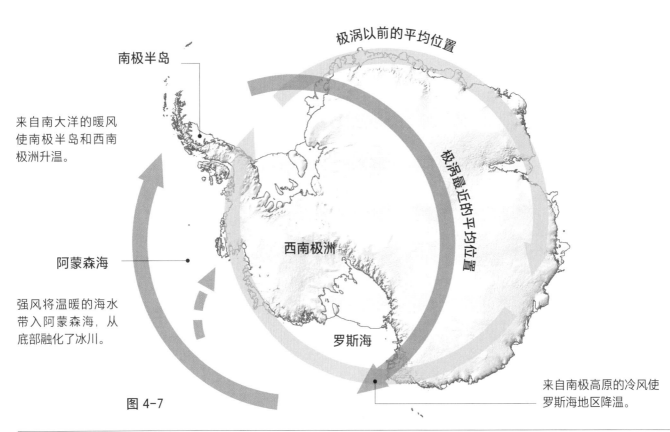

南极半岛

极涡以前的平均位置

来自南大洋的暖风
使南极半岛和西南
极洲升温。

极涡最近的平均位置

西南极洲

阿蒙森海

强风将温暖的海水
带入阿蒙森海，从
底部融化了冰川。

罗斯海

来自南极高原的冷风使
罗斯海地区降温。

图 4-7

29. 极涡

极涡是环绕南极洲的一股强大气流，位于高层大气中。顺时针方向的气流推动低压系统环绕南大洋，从而切断了南极大陆与北部较温暖地区天气系统的联系。在涡旋内，大气极其寒冷，冬季尤甚，因为阳光的缺乏会导致气温骤降。涡旋中心的极冷空气由大气沉降到地表，这也是南极地表温度如此极端的原因之一。冷空气很重，因此当超冷气团降落在冰盖上时，它就会像河流一样向下流动，并随着冰盖靠近海岸时增加的坡度而加速。下沉的空气导致高层大气中产生真空，吸引平流层的空气从更温暖的地区向南流动。这些暖空气又会经历新一轮的冷却和沉降，从而创造一个连接热带地区和极地的固定环流圈。

极涡的位置和强度在很大程度上控制着南极洲的天气和区域气候。更强力的旋涡通常意味着更低的温度，而在过去的几十年里，监测涡旋的科学家们发现它一直在增强。他们认为，臭氧层空洞的扩大导致了高层大气冷却，增强了这一驱动环境的因素。更强力的涡旋很可能导致了南极大陆一些地方的温度降低，也解释了为什么南极洲的气候变化不如北极那么迅速。

令人担忧的是，这意味着，随着臭氧层空洞的缩小，涡旋将减弱，温度将迅速上升。另外，其他科学家指出了涡旋位置的变化。虽然涡旋位置多变，但它的平均位置似乎已经从南极中心向西南极移动。随着超冷空气从南极高原向下流动并流向海岸，进入罗斯海的向北气流变强，使该地区变冷。与此同时，在西部，南极半岛的风速不断增加，导致气温升高和降雪增多。此外，风向的变化也导致温暖的海水流向西南极的海岸，融化了该地区的大型冰川。

第五章

海洋

30. 南大洋

南大洋环绕着南极洲，并将其与北部温暖的水域隔绝开来。南大洋是世界上第四大洋，仅次于太平洋、大西洋和印度洋。它的确切范围很难界定，不同的人群使用不同的方法：政治家们将南纬 60° 线视为分界线，而海洋科学家们通常认为，它的边界位于南极寒冷水域与北部温暖水域的交汇处。这是一个温度快速变化的狭窄锋面，通常被称为"极锋"，图 5-1 上以蓝灰色粗线表示。地图上以不同深度的蓝色表示了测深，即海床的深度。浅蓝色代表浅水区，深蓝色则代表深海的深渊和海沟。以白色表示的海底山脊沿着构造板块的边界环绕着大陆，更鲜明的白点则表示被称为"海山"的海底山脉、高原和岛屿。

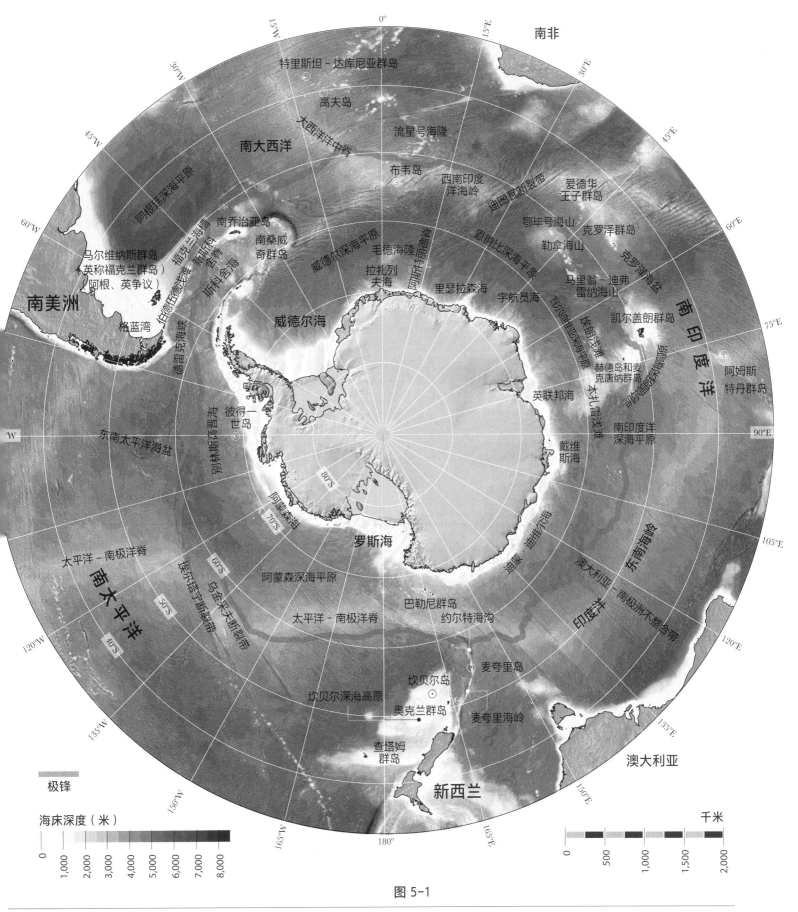

图 5-1

极锋

海床深度（米）

千米

31. 岛屿

南大洋是一片广阔而荒凉的海洋，北部是温暖、人口稠密的大陆，南部是寒冷、渺无人烟的南极洲海岸。在这片海洋的中央，分布着十几个偏僻的孤岛，像一串珍珠环绕着南极大陆。这些岛屿是地球上最与世隔绝的地方，不论是彼此之间，还是与世界其他地方，都相距数千千米。受持续不断的西风和南大洋洋流的冲击，这些岛屿的气候对于人类而言太过阴冷，因此和南极洲一样，岛上没有原住民。如今，只有少数研究员和政府官员居住在那里。这些岛屿都不是特别大，其中两个较大的岛屿——南乔治亚岛和凯尔盖朗群岛都是多山的古老岛屿，在数亿年以前就与大陆板块分离。随着时间的推移，它们在板块构造力量的推动下远离海岸，漂流到海洋中。几乎所有较小的岛屿都是火山，它们从海洋深处冒出水面，寒冷而贫瘠。其中有些是死火山或处于休眠状态，但还有一些仍然活跃。在寒冷的气候下，许多岛屿都有冰川，并且一年中的大部分时间都被冰雪覆盖。

这些岛屿的共同特征是拥有丰富的野生动物。在茫茫大海中，供动物繁殖的陆地是非常珍贵的。这些岛屿上到处都是企鹅、海豹和海鸟。虽然这些岛屿的陆地面积很小，但在其上繁殖的企鹅数量比整个南极大陆的都要多。这些与世隔绝的土地孕育了许多不同种类的鸟类，有些只栖息在某一个岛屿上，有些则分布在少数几个岛上。世界上几乎所有的信天翁物种、大多数企鹅物种和许多其他珍稀和濒危的海鸟都在这些岛屿上繁殖。

这些岛屿对于野生动物的另一个吸引力是丰饶的周围海域。大部分公海都缺乏食物，但在南大洋强劲洋流对岛屿周围陡峭海底斜坡的冲击下，深水上涌到海面，带来养分和食物。这为种类繁多的鸟类、海豹和鲸鱼提供了一条极为多产的食物链。

1. 南乔治亚岛

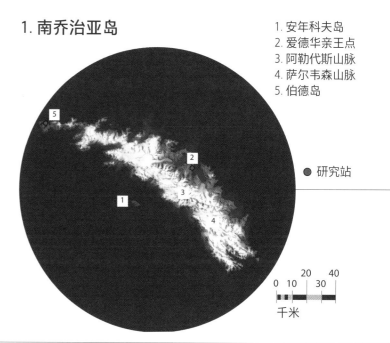

1. 安年科夫岛
2. 爱德华亲王点
3. 阿勒代斯山脉
4. 萨尔韦森山脉
5. 伯德岛

● 研究站

20 40
0 10   30
千米

人类对于这些岛屿，既有功，亦有过。大多数岛屿是在过去的250年间被发现的，从那以后，人类持续掠夺那里的自然资源，直到几乎什么都没有留下。人们在那里建立大型捕鲸工厂，捕杀鲸鱼。此外，数以百万计的海豹遭到猎杀，几乎灭绝，而从世界其他地方引进的物种消灭了许多以这些岛屿为繁殖地的本土鸟类。然而，在20世纪后半叶，人类停止开发并开始保护这些丰饶而独特的地方，并在很大程度上已经起到了效果：海豹的数量增加了数百万，鲸鱼的数量也开始恢复，而随着一些非本地物种有计划地被消灭，海鸟种群也开始显示出恢复的迹象。虽然还有很长的路要走，但经过时间、努力和细心，这些岛屿将再次成为南极地区王冠上的珍珠。

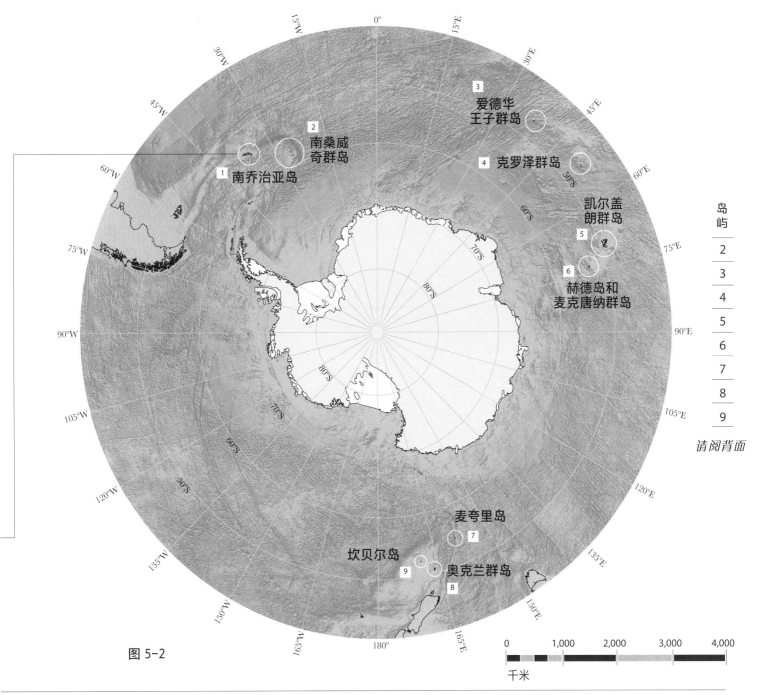

图 5-2

岛屿

2
3
4
5
6
7
8
9

请阅背面

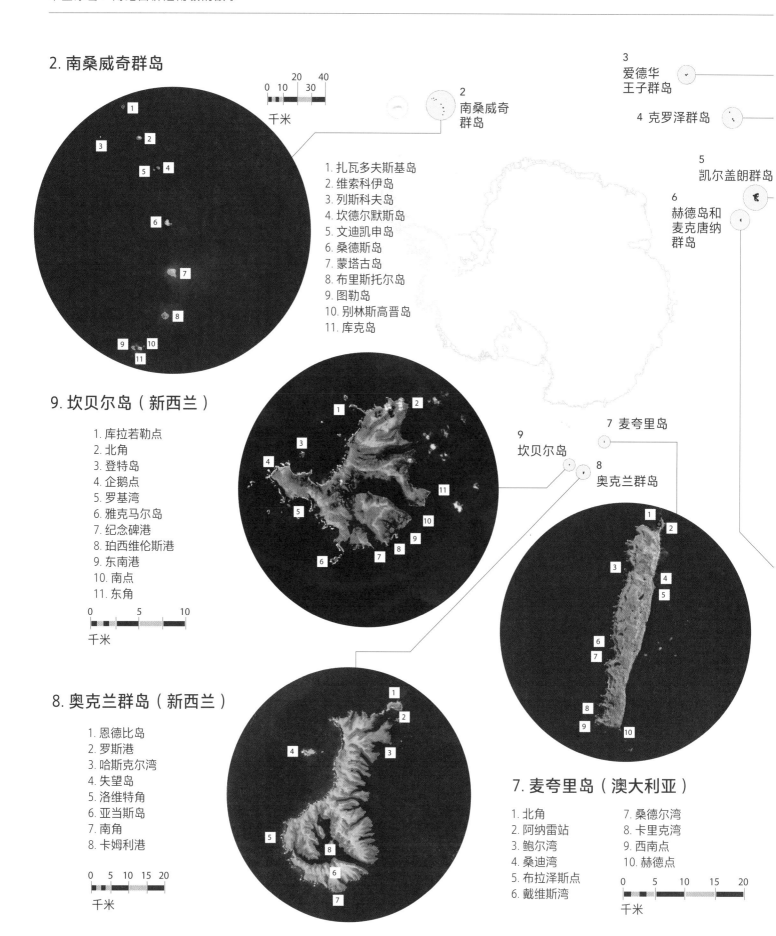

2. 南桑威奇群岛

20 40
0 10 30
千米

2 南桑威奇群岛

1. 扎瓦多夫斯基岛
2. 维索科伊岛
3. 列斯科夫岛
4. 坎德尔默斯岛
5. 文迪凯申岛
6. 桑德斯岛
7. 蒙塔古岛
8. 布里斯托尔岛
9. 图勒岛
10. 别林斯高晋岛
11. 库克岛

3 爱德华王子群岛

4 克罗泽群岛

5 凯尔盖朗群岛

6 赫德岛和麦克唐纳群岛

9. 坎贝尔岛（新西兰）

1. 库拉若勒点
2. 北角
3. 登特岛
4. 企鹅点
5. 罗基湾
6. 雅克马尔岛
7. 纪念碑港
8. 珀西维伦斯港
9. 东南港
10. 南点
11. 东角

0 5 10
千米

7 麦夸里岛

9 坎贝尔岛

8 奥克兰群岛

8. 奥克兰群岛（新西兰）

1. 恩德比岛
2. 罗斯港
3. 哈斯克尔湾
4. 失望岛
5. 洛维特角
6. 亚当斯岛
7. 南角
8. 卡姆利港

0 5 10 15 20
千米

7. 麦夸里岛（澳大利亚）

1. 北角
2. 阿纳雷站
3. 鲍尔湾
4. 桑迪湾
5. 布拉泽斯点
6. 戴维斯湾
7. 桑德尔湾
8. 卡里克湾
9. 西南点
10. 赫德点

0 5 10 15 20
千米

78

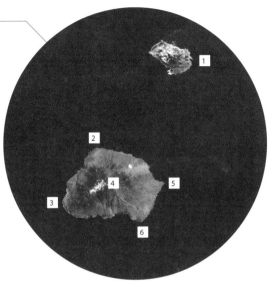

3. 爱德华王子群岛（南非）

1. 爱德华王子岛
2. 戴维斯角
3. 克罗泽角
4. 马里恩岛
5. 东角
6. 胡克角

0 5 10 20 30
千米

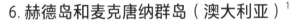

4. 克罗泽群岛（法国）

1. 阿波特尔群岛
2. 科雄岛
3. 潘关群岛
4. 波塞申岛
5. 东岛

0 5 10 20 30
千米

5. 凯尔盖朗群岛（法国）

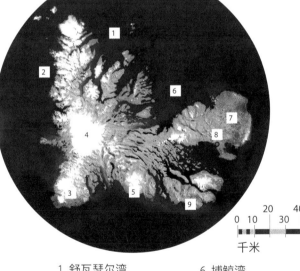

0 10 20 30 40
千米

1. 舒瓦瑟尔湾
2. 洛朗谢半岛
3. 拉利耶迪巴蒂半岛
4. 库克冰帽
5. 加列尼半岛
6. 捕鲸湾
7. 库尔贝半岛
8. 法兰西港
9. 贞德群岛

6. 赫德岛和麦克唐纳群岛（澳大利亚）[1]

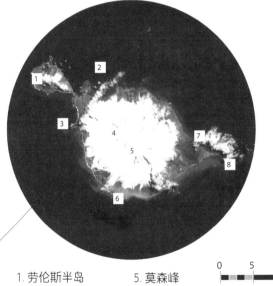

1. 劳伦斯半岛
2. 科林斯湾
3. 加泽特角
4. 大本钟（活火山）
5. 莫森峰
6. 拉布安角
7. 斯皮特湾
8. 斯皮特角

0 5 10
千米

图 5-2（续）

编者注：图中岛屿为赫德岛。

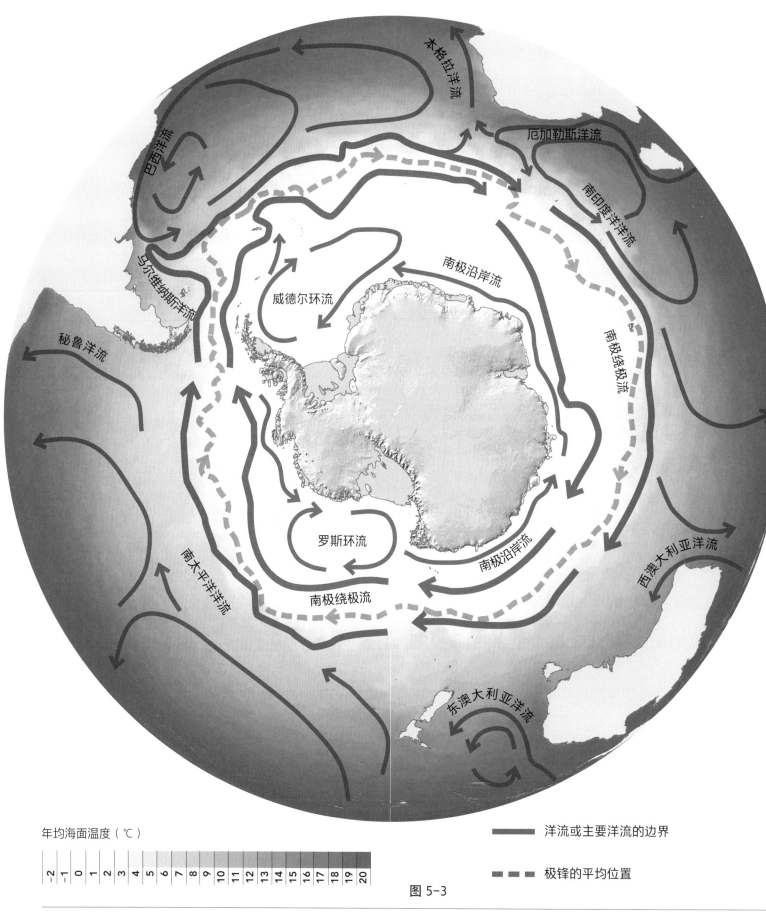

年均海面温度（℃）

-2 -1 0 1 2 3 4 5 6 7 8 9 10 11 12 13 14 15 16 17 18 19 20

━━━ 洋流或主要洋流的边界

┅┅┅ 极锋的平均位置

图 5-3

32. 洋流

南大洋拥有世界上最强劲的一些洋流。它们类似于海洋中流动的河流，由海面风驱动，从太阳以及冰融化和降水产生的淡水中吸收热量。与地球上其他地方不同的是，在南纬55°～62°的南极洲周围，洋流的流动是不间断的，因为它们不会像其他地区的洋流一样受到陆地的阻碍而转向或被削弱。

南极绕极流是南大洋最强大的一支洋流，也是地球上最大的洋流系统，其流量是墨西哥湾流的四倍。南极绕极流宽广而复杂，它的确切范围很难被界定。尽管有一些由海山（从海底升起的小岛和高原）引起的改道，南极绕极流的整体形状大致呈圆形。这种持续不断的水流就像一堵墙，阻隔了热带地区温暖的海水南下到达南极洲冰冷的海岸。的确，人们认为德雷克海峡出现后，环极地洋流得以形成，才造就了如今巨大的南极冰盖，而南极绕极流反过来又将南极洲与北边的温暖水域分隔开。

在这股洋流中，温暖的北方水域和寒冷的南极水域之间的区别非常明显——水温可以在短短几千米内变化6℃，二者的分界面被称为"极锋"，就像洋流的边界一样，它的确切位置也在以复杂的方式不断变化着。在图5-3上，我用虚线标示了极锋的平均位置。

除了南极绕极流，南大洋环流中还有其他重要的洋流。在极锋以南，靠近南极洲，有一股反向的向西流动的海水，即南极沿岸流。这股逆时针的水流紧靠海岸，对南极洲周围冰山的移动有巨大影响。此外，南极大陆"圆盘"的两大缺口，即罗斯海和威德尔海，都有自己的环状洋流（或称环流），海冰不断地旋转于其中。

33. 海洋漩涡

总的来说，南极绕极流环绕着南极洲，不断地使海水从西向东流动，但其内部的情况是十分复杂的。不断变化的流向与流速使得漩涡、环流和涡流旋转并合并。图 5-4 展示了一个 24 小时内复杂情况的案例，以表面水流的涡动动能标示了水的流动。能量最大、最强的水流以绿色表示，较弱的水流则以浅蓝色表示。我们可以看到，南大洋中的涡流能量遵循与南极绕极流相同的路径，并与南美洲、非洲和大洋洲等主要大陆附近的复杂洋流区域密切相关。随着近几十年来南大洋上空风力的增强，海洋漩涡所蕴含的能量也增加了。南大洋大量吸收了由人类产生的二氧化碳，有人认为风速的加快有助于这一过程。然而，海洋能够吸收的气体毕竟有限，一旦饱和，它可能无法像现在这样快速应对不断上升的温室气体水平，而这势必会加速温室气体的增长。更多的变化将对南大洋以及南大洋与世界其他地区的相互作用产生什么影响，目前是科学界关注的议题。

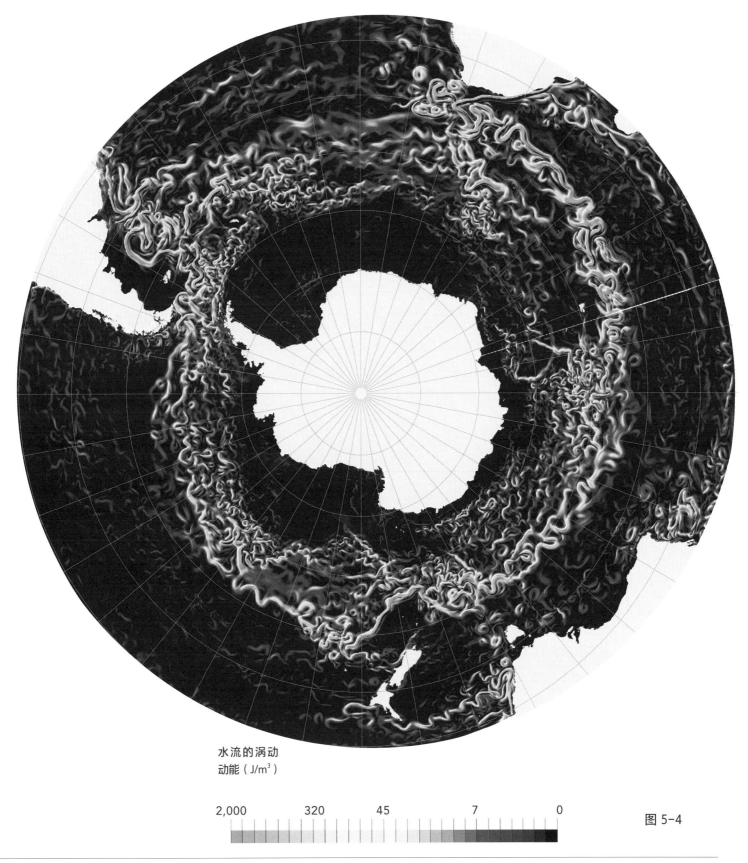

水流的涡动
动能（J/m³）

2,000　　　　320　　　　45　　　　7　　　　0

图 5-4

34. 地球上最大的季节性变化

十二月

每年，随着夏季接近尾声，白天越来越短，气温开始骤降，海岸周围的海水开始结冰。此时，南极洲周围的海都被海冰所覆盖。不过即使在最冷的时候，海洋也只有表层结冰，而且冰层至多只有几米深。冰将下层海水与严寒隔绝，海冰覆盖的区域无边无际。到了冬季结束时，南大洋有一块面积大致相当于南极大陆的区域结冰，使南极的陆上面积几乎翻了一倍。到了春天，随着太阳的回归，气温开始上升，几乎所有的表面冰都融化了。到了夏末，冰只剩下一小部分。这种季节性变化可能是地球上最大的年度环境变化。

奇特的是，偏北部的海冰并不是在原地形成的，那里的气温很少低至使海洋结冰的温度。实际上，海冰是在更南部的地方形成的，并被不断形成的新冰和风推向北方。当强劲的冬季风吹过高处的冰盖时，大部分海冰也在靠近海岸的地方形成。离岸风将海岸处的海冰吹离南极洲并推向北方，同时也在海岸线附近造就了开阔的水域，在这些水域中，未结冰的海水水温从未低于冰点太多。然而，在隆冬，这里的气温可能在零下 50℃ 左右，因此只要风力稍有减弱，水面就会重新结冰。这种巨大的温差导致了一些奇怪的天气现象：海水似乎在冒烟，海面看起来很油腻，接着水

面开始结晶，海冰开始形成。在几个小时内，海水会完全结冰，在一两天的时间里，它通常会凝固成完整而坚固的海冰，其强度足以承受一个人的重量。等到下次风力增强时，新结成的海冰将被吹向北方，远离海岸，并将它前面的冰向前推出，打开一个新的水通道。这些沿海地区通常被称为"海冰工厂"或者"冰间湖"，我将其中一些最重要的地区在图 5-5 上标示为漩涡。

十一月

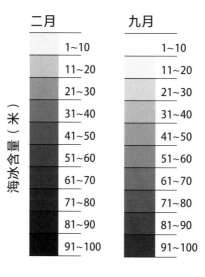

二月	九月
1~10	1~10
11~20	11~20
21~30	21~30
31~40	31~40
41~50	41~50
51~60	51~60
61~70	61~70
71~80	71~80
81~90	81~90
91~100	91~100

海冰含量（米）

十月

九月

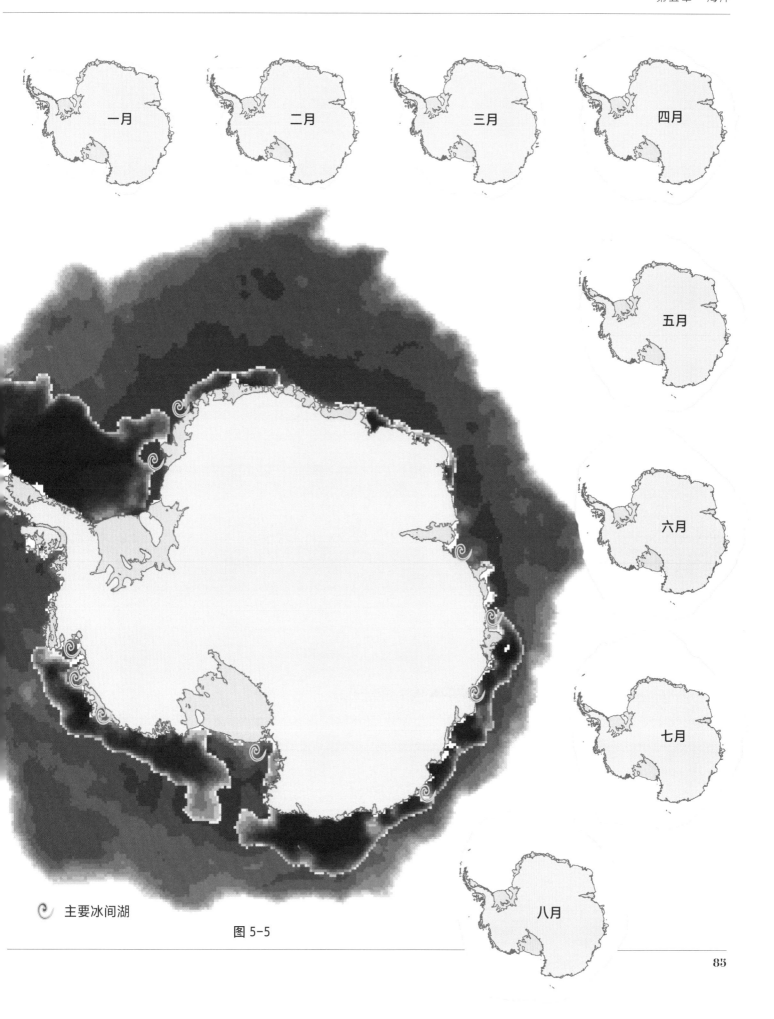

一月

二月

三月

四月

五月

六月

七月

八月

主要冰间湖

图 5-5

35. 海洋的引擎

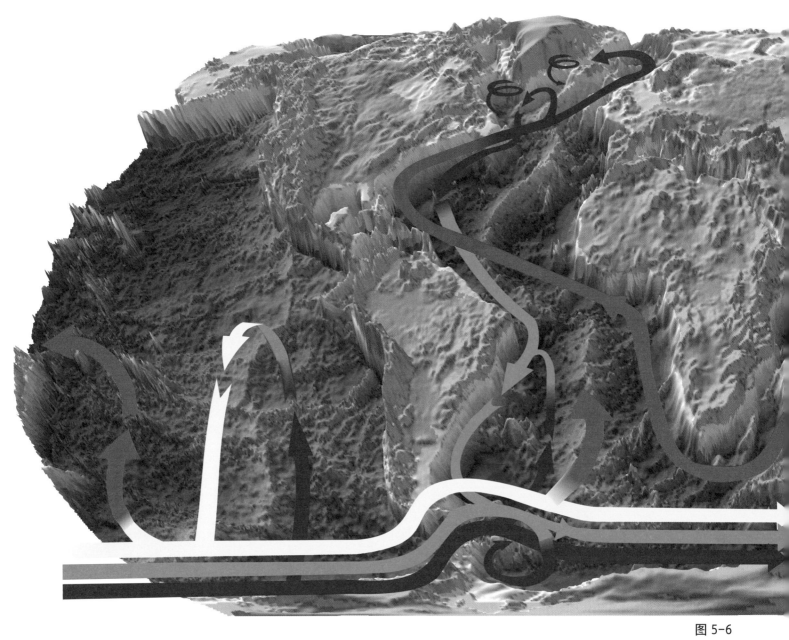

图 5-6

地球是一个复杂的地方。通常，世界上某一地区发生的事情会对数千千米以外看似不相关的事件产生重大影响。世界海洋最深处和南极海冰之间就有着这样奇怪的联结。世界海洋的深海补给在很大程度上依赖于每年冬季时南大洋的冻结。在南极洲形成的高密度海水的扩散，不仅影响了深海，也影响着世界各地的气候。

通常，在海洋中，表层海水和数千米以下的海水之间很少有直接的接触。但在南极洲，情况并非如此。在这里，新的深水不断被创造出来。每年，当南极大陆周围的海洋结冰时，饱含盐分的海水会变成冰，但这些冰只能含有少部分的盐。多余的盐则被排入周围的海水中，使得其盐度极高。表层海水持续的再冻结使紧挨着表层的海水的盐度越来越高，而由于咸水的密度和重量比淡水大，这些高盐度海水会开始下沉。当这些寒冷、沉重的海水下沉到深处时，下层的深海海水就会被推向北方。一些咸水会在中等深度流出，但大部分会继续下沉，直到到达海底的深海平原。与此同时，在海洋表层，更温暖、盐度更低的海水从北方流入，取代下沉的咸水。而之后，这些海水也将变咸并下沉，形成一个持续的、永无止境的循环。深水流经地球大部分深海平原，经过几十年或几个世纪，会慢慢地再次回到海洋表层。这个过程被称为"热盐环流"，它是海洋的引擎。

然而，如果目前的气候模型预测成真，每年在南极洲周围形成的海冰量将会减少，这台"海洋引擎"的运转速度将会变慢，世界海洋深水的流动将受到影响。这种变化可能会对全球的天气模式产生严重影响，但具体会是什么样的影响，目前还不得而知。无论如何，地球气候的改变将注定产生不可预见的后果。

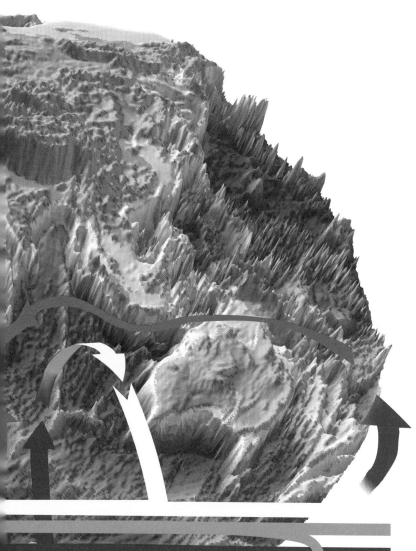

寒冷的上层水

温暖的水

中层水

底层水

36. 冰山的一生

当来自冰川和冰盖的冰最终到达海岸线时，就会断裂形成冰山。这些冰山在大小和形状上差异巨大。最大的是从冰架上崩解下来的平顶冰山，有的面积堪比一个小型国家。而从冰川上崩解下来的冰山往往更小、更尖，它们可以形成奇形怪状的尖顶，有些状若城堡。南极洲海岸周围的海水总是非常冷，通常在 −2℃ 到 −1℃，由于其盐度，海水并不会结冰。因此，南部海域的冰山不会迅速融化，可以在沿海水域停留数年，跟随南极沿岸流漂流。南极沿岸流是一种逆时针流动的强洋流，与更北的南极绕极流方向相反。被困在南极沿岸流的冰山通常要绕南极漂流数年才能到达威德尔海，在那里，南极半岛的岩壁阻碍了冰山向西的旅程。于是，冰山向北移动，进入斯科舍海和南大西洋的"冰山巷"。在温暖的水域，巨大的冰山最终融化消失，为海洋增加淡水和营养物质。最大的平顶冰山融

化时所需的时间最长，它们通常会向北部移动至南乔治亚岛和马尔维纳斯群岛，成为海洋航道上的危险因素。这些巨大的冰山每年被卫星追踪数十或数百次，而图 5-8 就显示了冰山绕行大陆并最终进入温暖水域的路径。每座冰山的移动路线都以不同颜色的线条呈现。

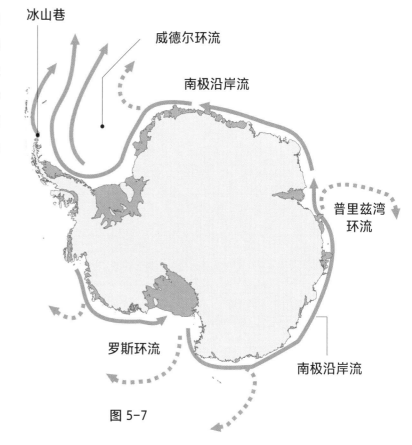

图 5-7

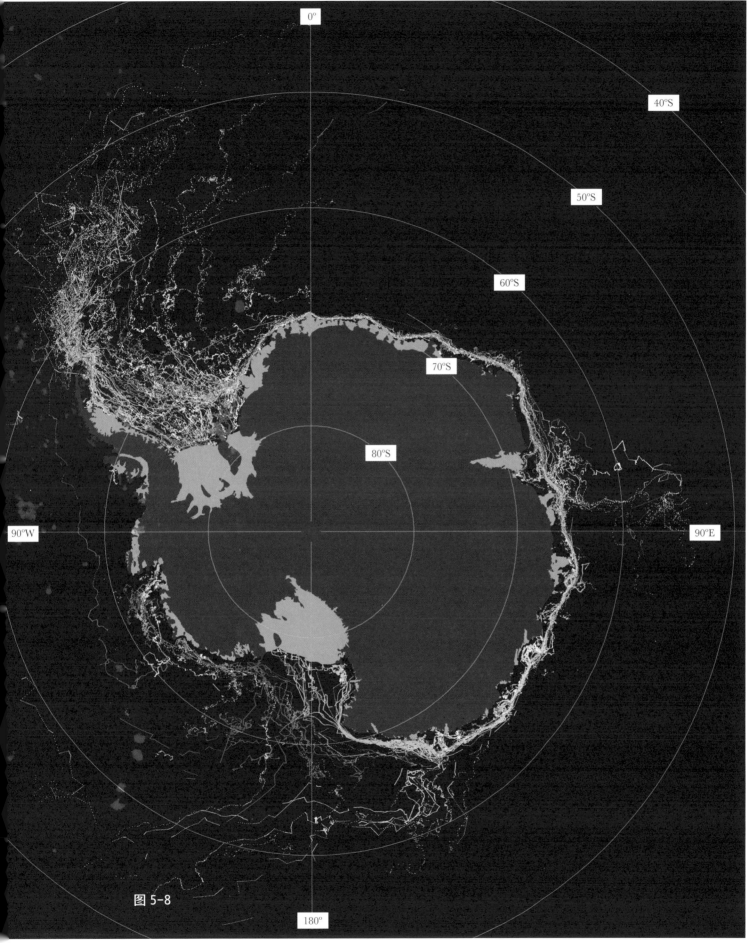

図 5-8

37. 绿色的海洋

在南极的夏季，南大洋是地球上最富饶的水域之一。如图5-10所示，生产力的空间格局变化很大。"生产力"是一个用来说明海洋中有多少光合作用的术语。在陆地上，光合作用是植物吸收水分、阳光和养分并将其转化为能量的过程。在海洋中，这一过程是相同的，但进行光合作用的不是陆上植物，而是浮游植物。微小的浮游藻类太小，肉眼看不见，但有时它们的密度很高，足以使海洋变绿。这种丰富的有机物是食物链的基础，支撑着海洋中所有的生命。

在凉爽的南大洋，强风、深水的上涌以及不同水团的混合都会将浮游植物所需的营养物质带到海面。而由于这些因素只发生在局部地区，因此海洋生产力分布不均。影响较大的地理因素包括极锋附近冷暖海水的混合、冰川融水和岛屿径流。所有这些都塑造了生产力的模式，热点围绕着斯科舍海、南极半岛和亚南极群岛。若将南极洲附近较冷的海水和赤道附近较热的海水对比，赤道附近的海水相形见绌，几乎可以用"贫瘠"来形容。

这种生产力的另一个有趣的体现是有机体的个体形状。浮游植物的形态和类型令人眼花缭乱。图5-9列举了一些主要的类型。

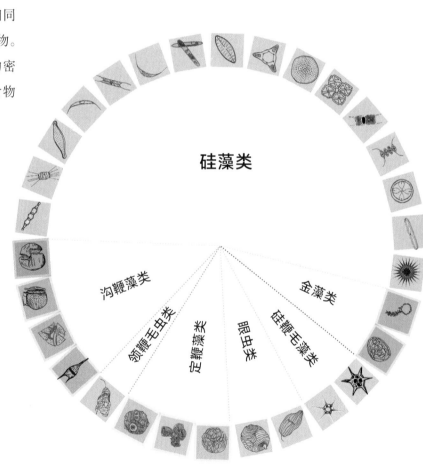

图 5-9

硅藻类

沟鞭藻类　金藻类

领鞭毛虫类　定鞭藻类　眼虫类　硅鞭毛藻类

图 5-10

永久海冰 ██

夏季叶绿素含量（mg/m³）

0　0.1　0.2　0.4　0.6　0.8　1　1.5　2　4　8　16　32　64

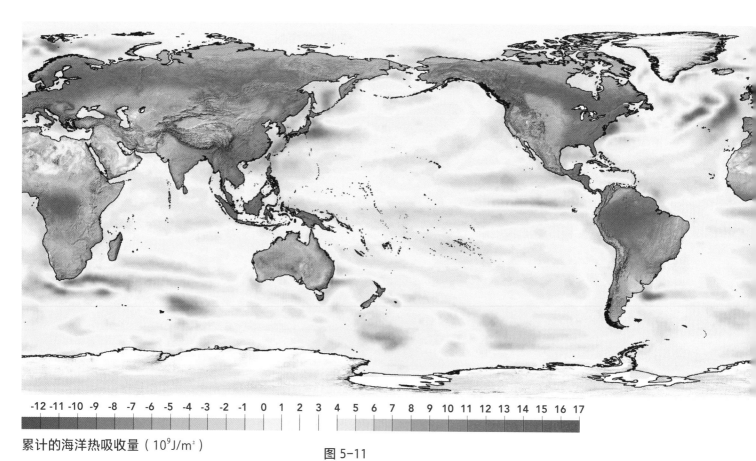

-12 -11 -10 -9 -8 -7 -6 -5 -4 -3 -2 -1 0 1 2 3 4 5 6 7 8 9 10 11 12 13 14 15 16 17

累计的海洋热吸收量（10⁹J/m²）

图 5-11

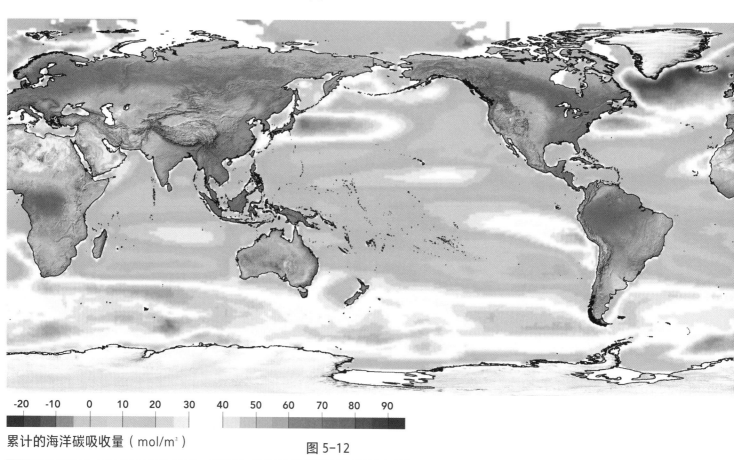

-20 -10 0 10 20 30 40 50 60 70 80 90

累计的海洋碳吸收量（mol/m²）

图 5-12

38. 地球之肺

南大洋就像一个巨大的空气调节系统，调节着地球的温度。

自从人类开始燃烧石油、煤炭和其他化石燃料以来，我们就一直在向大气中排放二氧化碳。这种物质将热量截留在大气中，并产生"温室效应"，进而导致全球变暖。幸运的是，地球上的几个自然进程会带走一些额外的碳和热量，从而减轻全球变暖的影响。发生这种情况的地方通常被称为"下沉区"，到目前为止，这些下沉区中面积最大的是南大洋。南大洋风大浪急的特性有助于溶解碳并将其输送到深海。

据估计，自工业革命开始以来，南大洋吸收了人类排放到大气中 43% 的额外碳，它还吸收了因温室效应产生的 75% 的额外热量。科学家估计，全球气温在一个世纪的时间里上升了 0.8℃，而如果没有南大洋，上升幅度将是现在的 4 倍。

图 5-11、图 5-12 显示了从 1870 年到 1995 年间世界海洋的热吸收和碳吸收。注意，南大洋在碳吸收和热吸收中都占有主导地位。最近，科学家表明，南大洋上空风力的加强已经开始使得该地区的碳吸收量减少。这一出人意料的发现令人担忧，它意味着海洋的阻尼效应可能会减弱，从而加速全球气候变化。

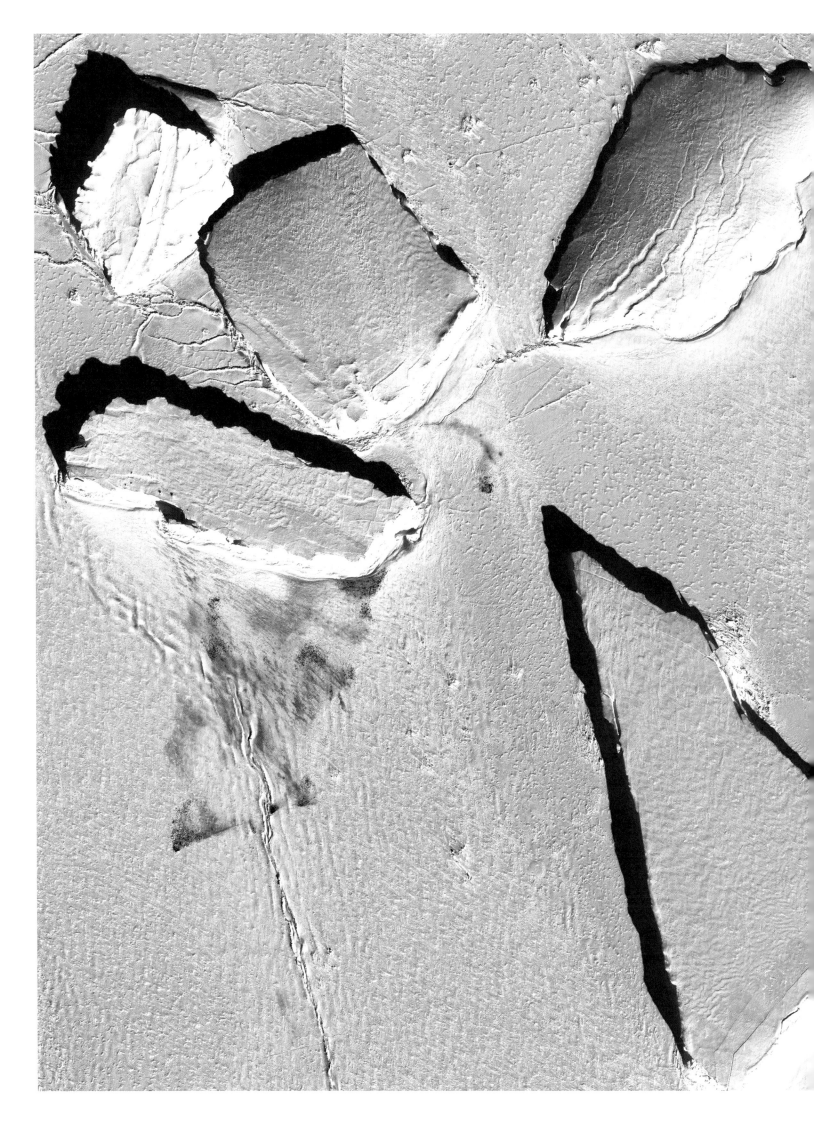

第六章

野生动物

39. 至关重要的磷虾

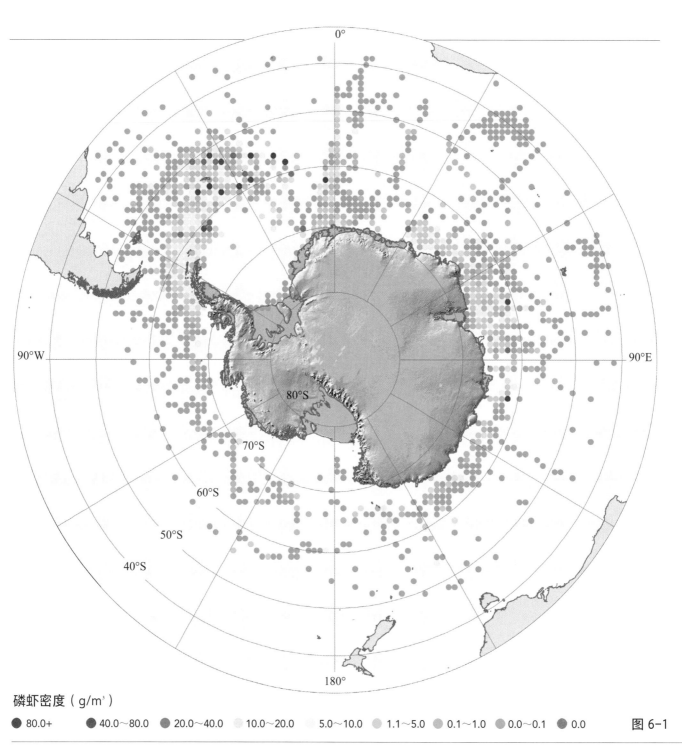

磷虾密度（g/m³）

⬤ 80.0+　⬤ 40.0~80.0　⬤ 20.0~40.0　 10.0~20.0　 5.0~10.0　 1.1~5.0　 0.1~1.0　 0.0~0.1　⬤ 0.0　　图 6-1

磷虾是南大洋最重要的生物。这种小型虾状甲壳类动物是海洋生态系统中的关键物种。磷虾以食物链底层的、小到不可见的浮游植物为食，而从鱼类到企鹅，从海豹到鲸鱼，几乎所有的生物都以磷虾为食。幸运的是，南大洋有足够的磷虾。在南大洋，这种小生物数量庞大，据估计有超过 3.5 亿吨，这可能是地球上单体生物中生物量最大的物种。即使如此，你也不会想要成为磷虾的：这种数量丰富的甲壳类动物是很多其他物种的盘中餐，据估计，每年有一半的磷虾被大量的捕食者吃掉。

磷虾在白天倾向于生活在海洋深处（深度可达 500 米）。而每到晚上，它们就会浮到海面，以那里丰富的浮游植物为食。它们每天都如此往返是为了躲避捕食者，因为捕食者在阳光下更容易捕获它们。在黎明前，它们会下潜回到更安全的深海。这种垂直运动据说是地球上生物量最大的昼夜迁移。

图 6-1 根据捕捞记录展示了南大洋磷虾的分布情况。做这项工作很不容易：磷虾成群生活且成群移动，当你撒网试图计算有多少磷虾时，你永远不会在同一个地方获得两次相同的数据，因此必须采集大量样本才能计算出真实的密度。地图上的每个点代表 100 平方千米区域内所有捕获量的平均值。圆点越红，则该区域的磷虾就越多。磷虾密度最大的地方是斯科舍海地区，这里也是地球上最密集的捕食者聚集地（见"地球上最富饶的地方"，第 108—109 页）。

对我们来说，了解并在地图上标示磷虾的位置很重要，因为人类也会捕获磷虾。渔船每年捕捞的磷虾数量越来越多。目前，我们每年的捕获量大约为 20 万吨，大部分用于动物饲料，但也用于其他重要且快速发展的行业，比如制药业和化妆品业。精炼磷虾油被用于制作治疗心脏病和高胆固醇的药物，同时也可以做保健品和抗衰老精华。基于磷虾的总生物量非常高，这个捕获量并不算大。南极捕鱼业是世界上监管最好的行业之一，以确保其不会影响野生动物。但也有人担心，在未来，如果捕鱼船队在当地捕获大量磷虾，可能导致这些渔场附近的企鹅和海豹缺乏足够的食物来养育它们的后代。

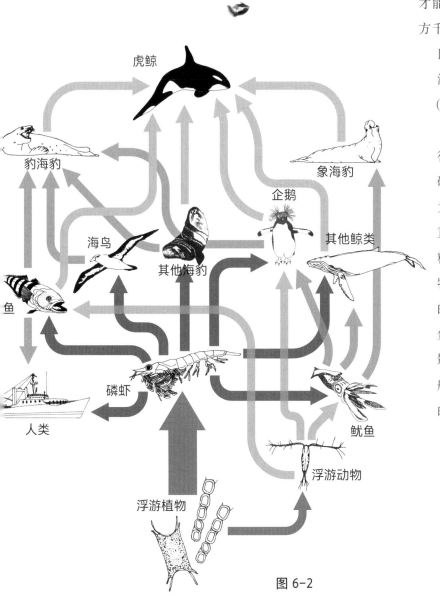

图 6-2

40. 融化的"帝国"

帝企鹅有麻烦了！因为它们是依靠海冰繁殖的鸟类，而随着全球变暖，最先消失的将是海冰。

北极已经发生了这种情况：气温上升导致冰层迅速减少，冬季冰层覆盖面积减少，夏季几乎没有冰。科学家预测，在下个世纪，随着气候变化向南极地区推进，南极的海冰也将消失。

这将给帝企鹅带来灾难性的后果。这种标志性物种利用冰封的海洋作为繁殖的平台，并在一年的大部分时间里于冰层下觅食——简而言之，海冰的消失就意味着帝企鹅的灭绝。

在过去的十年里，科学家们试图预测帝企鹅数量下降的数值以及速度，但这很困难。由于帝企鹅在十分极端的环境中繁殖，我们对它们将如何应对变化的了解还非常粗浅。在南极海岸线上如同项链一般分布的 50 多个帝企鹅栖息地中，只有大约一半曾被人类造访过，其余的只能通过卫星图像被发现和研究。人类会定期造访的帝企鹅栖息地只有少数几个，它们往往存在于最稳定的冰上，也是最容易从研究站进入的区域。再加上我们的未来气候变化模型还并不完善，也许最恰当的说法是，对于不同地区帝企鹅种群数量变化情况的预估还在进行中。

图 6-3 显示了我们对本世纪末帝企鹅数量变化的权威估计。地图显示，到 2100 年，帝企鹅的数量将只有今天的 30%，而现有的 54 个栖息地中，有 35 个将消失，有 13 个栖息地的帝企鹅数量将锐减，只有 6 个栖息地的帝企鹅数量将保持稳定或有所增长。这 6 个栖息地都位于南极的南部深处，即罗斯海附近。2100 年以后会发生什么尚未评估。

但毫无疑问，帝企鹅的生存状态将因它们脚下"帝国"的融化而越发艰辛。

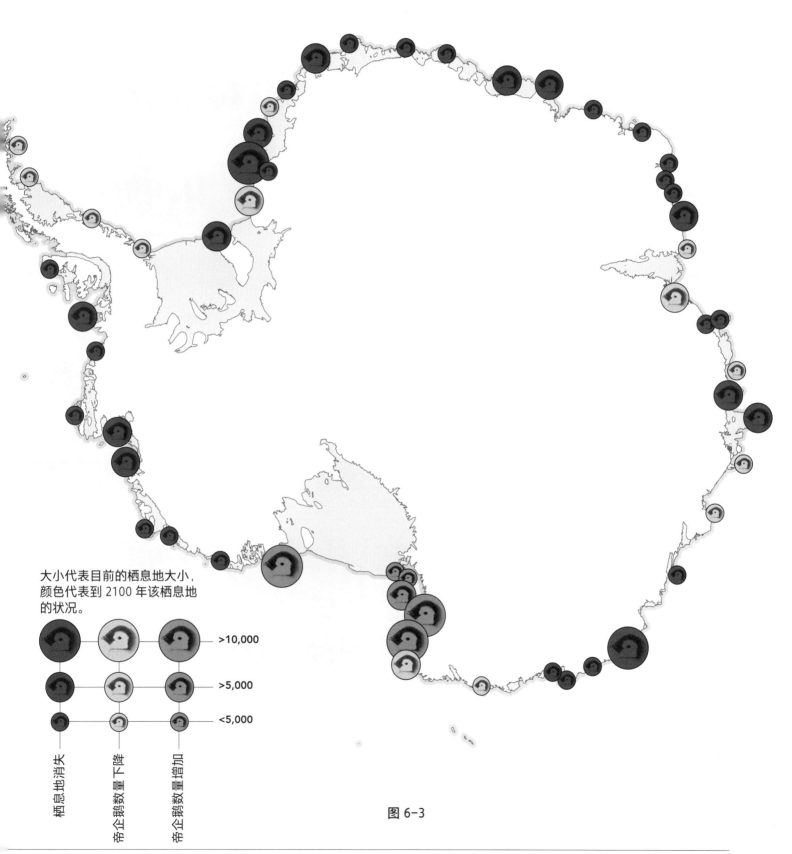

大小代表目前的栖息地大小，
颜色代表到 2100 年该栖息地
的状况。

>10,000

>5,000

<5,000

栖息地消失

帝企鹅数量下降

帝企鹅数量增加

图 6-3

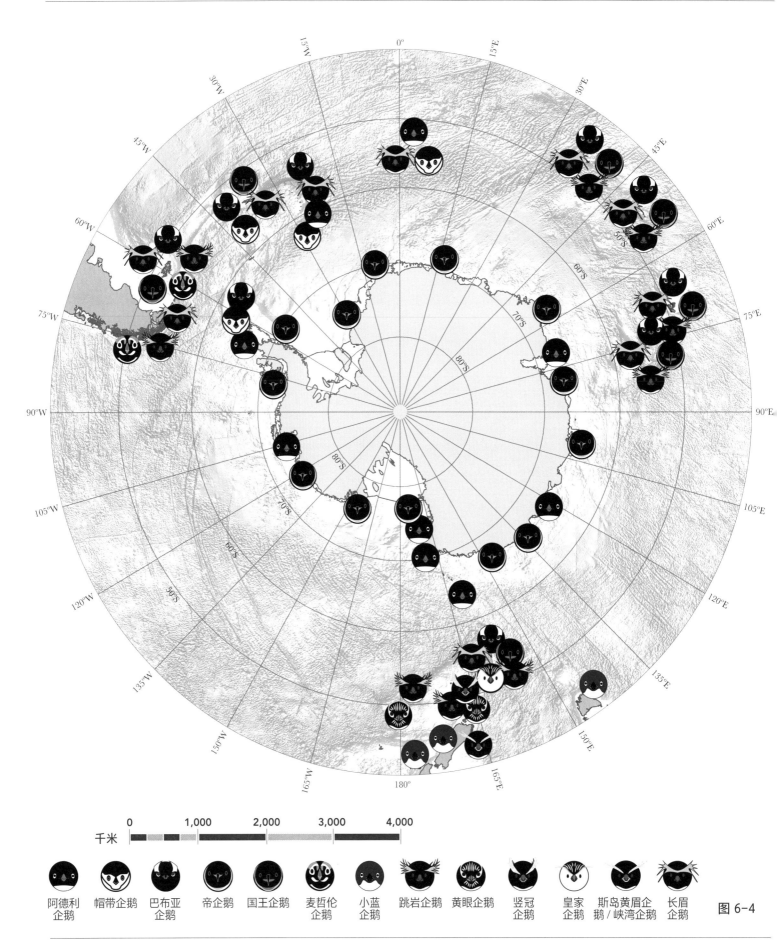

图 6-4

41. 企鹅的海洋

企鹅主宰着南大洋的生态系统。在每一个岛屿或突出海面的岩石处都有企鹅的栖息地。这些小岛上的企鹅不计其数。通常，每个栖息地有成千上万只企鹅，有时甚至可以超过100万只。企鹅们摩肩接踵，挤在一块弹丸之地——通常是在陡峭岛屿的陡坡上。每个栖息地都充斥着嘈杂、刺耳的声音，像是在庆祝南大洋的富饶和生命力。

在18种企鹅中，只有4种生活和繁殖在南极洲大陆上，它们分别是帝企鹅、阿德利企鹅、巴布亚企鹅和帽带企鹅。其中只有帝企鹅和阿德利企鹅栖息在南极半岛以南严酷的冰封海岸。另外还有11个种类的企鹅生活在南大洋及其周围的岛屿上，它们中的大部分生活在多产而动荡的极锋附近。其他3种企鹅在更北的地方繁殖，即南美洲和非洲海岸附近，北至科隆群岛。新西兰南部地区的企鹅种类最为丰富，有10种不同类型的企鹅在新西兰南岛或其南面的岛屿上繁殖。其中有几种企鹅是当地的独有种类，比如皇家企鹅、竖冠企鹅和峡湾企鹅。

企鹅列队　　　　　　　　　　　　　　**图 6-5**

帝企鹅　巴布亚企鹅　国王企鹅　麦哲伦企鹅　帽带企鹅　阿德利企鹅　长眉企鹅　竖冠企鹅　皇家企鹅　黄眼企鹅　斯岛黄眉企鹅/峡湾企鹅　跳岩企鹅　小蓝企鹅

42. 海豹的旅行

了解南大洋海豹的生活是一种挑战。在这里生活和繁殖的 5 种海豹中，有 4 种大部分时间都在海冰上度过，因此研究它们是非常困难的。对于科学家们来说，在这片由冰山和浮冰组成的、不断变化的地界上行动是极其艰苦且昂贵的，而且特别危险。海冰支持的生态系统非常丰富，许多企鹅、海鸟、海豹、鲸鱼和鱼类都依赖着它。因此，了解这个生态系统如何运作是科学家的一个重要目标。但是，如果无法触达，应该怎么去研究呢？此时，象海豹登场了。南象海豹是世界上最大的海豹，成年雄性身长可达 5.5 米，重达 5 吨。它们在南大洋偏远的岛屿上繁殖，觅食范围则是整个南部海域。无论是北方温暖的水域中，还是寒冷的浮冰上，都能经常见到成年象海豹的身影，它们为了觅食而长途跋涉。如果你觉得你的通勤路程很长，请停下来想象一下象海豹，它们为了寻找食物可能会游超过一万千米。数据库中记录的最长旅行来自一只从南乔治亚岛繁殖地出发的海豹，行程共 17,600 千米。

研究人员利用象海豹进行科学研究：通过在象海豹身上安装跟踪装置，不仅可以记录它们去哪里觅食，还可以测量它们所经过水域的温度、盐度和化学成分。象海豹可以下潜到极深的海底去寻找食物，因此通过在它们身上安装深度传感器，我们甚至可以绘制出船只无法到达海域的海底地形图。幸好象海豹的体积如此之大，所有这些仪器的重量对它们来说都微不足道。

在过去的几年里，许多活跃在南极科学领域的国家科学团队一直在通过安装仪器来追踪海豹。图 6-6 展示了这项工作的成果。每一条细细的彩色线条代表着一只海豹的旅程。线条的不同颜色代表着追踪海豹的科学团队的国籍，也是南极科学界多国化的证据。最近，在南方腹地繁殖的威德尔海豹也被装上了追踪器，它们的轨迹在图 6-6 中以虚线表示。科学家们一般在一些繁殖地上为海豹们安装仪器，而这些主要的繁殖地也在地图上用海豹符号标明。

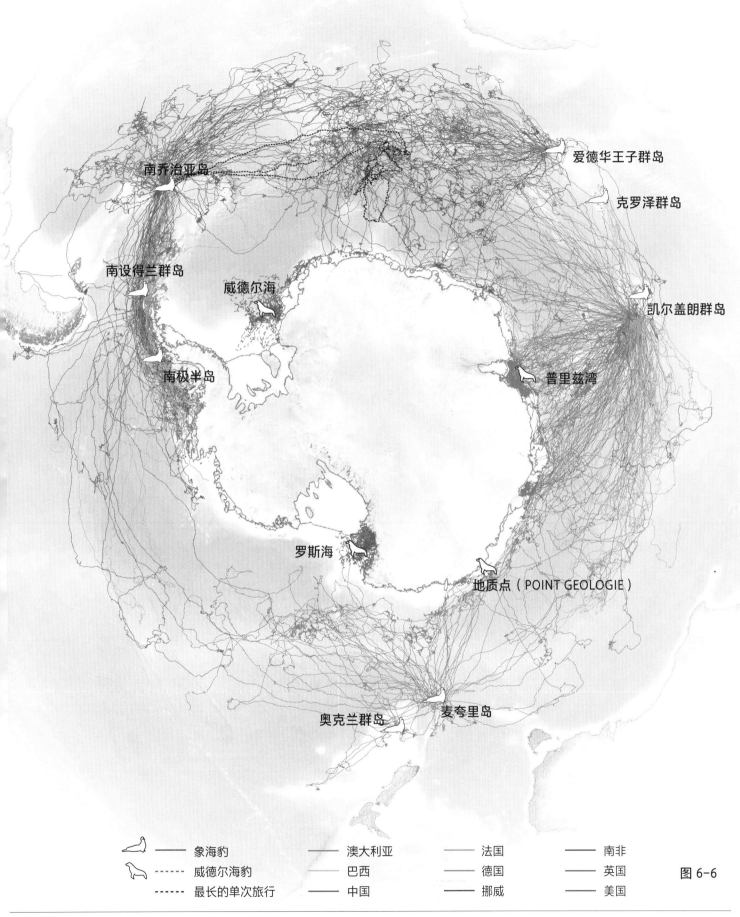

南乔治亚岛

爱德华王子群岛

克罗泽群岛

南设得兰群岛

威德尔海

凯尔盖朗群岛

南极半岛

普里兹湾

罗斯海

地质点（POINT GEOLOGIE）

奥克兰群岛　　麦夸里岛

	象海豹		澳大利亚		法国		南非
	威德尔海豹		巴西		德国		英国
	最长的单次旅行		中国		挪威		美国

图 6-6

43. 血红色的大海

回顾人类与自然环境的历史，在南大洋屠杀鲸鱼一定是最发人深省的教训之一。这些聪明的鲸类中包括地球上存在过的体形最大的物种，一度在海洋中很常见，仅在南大洋就有数十万只。但在过去的两个世纪里，它们被有组织地猎杀，几乎灭绝。

1915 年至 1984 年间，大约有 160 万头鲸鱼在南大洋被捕获，它们的生物量几乎相当于全人类的生物量。

捕鲸从最容易捕获的露脊鲸开始。露脊鲸行动缓慢且体形肥壮，在沿海水域的海面上活动，因此成了多年来唯一能被捕获的鲸鱼。露脊鲸英文名"right whale"的字面意思是"适合被捕猎的鲸鱼"（the right whale to hunt）。随着船的速度越来越快，其他行动较慢但更强壮的鲸鱼也成为捕获的目标，例如灰鲸和抹香鲸。到 19 世纪末，人们已经开始从更北部的水域捕捞这些鲸鱼，露脊鲸更是数量锐减，濒临灭绝。

从 1915 年开始，许多捕鲸国家的人们开始意识到当时的捕鲸是不可持续的行为，由于国际压力，所有的捕鲸行为都开始被记录。图 6-7 就是基于这些记录而绘制的。请注意，我们没有关于露脊鲸的图，因为那时几乎已经见不到存活的露脊鲸了。

猎鲸行为现在几乎停止了。从 1986 年开始，包括大多数捕鲸国家在内的国际捕鲸委员会禁止猎捕鲸鱼。但实际上这一"禁令"只意味着"暂停"，并且由于一些国家从未加入国际捕鲸委员会或从未同意委员会的裁决，一些船队仍在捕杀这些巨大的动物。对于国际社会来说，鲸类种群是否会再次恢复到 20 世纪初的规模是一个充满争议的问题，因为尽管许多西方国家认为捕杀鲸鱼是一种不必要的屠杀，但另一些国家仍将鲸鱼视为一种可以捕捞的自然资源。

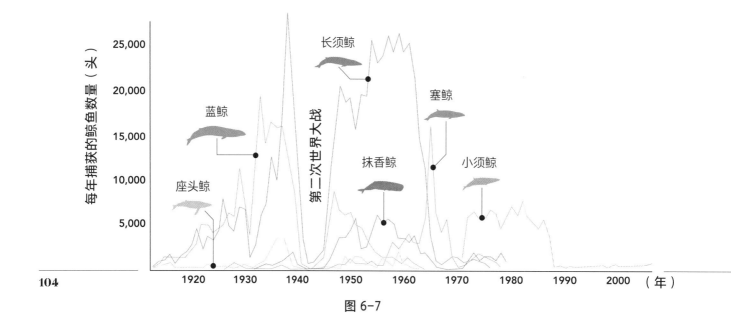

图 6-7

图 6-8 展示了南大洋捕鲸量的分布情况：红色越深，意味着捕获的鲸鱼越多。插图中间的红色大圆圈表示鲸鱼的总体捕获量，而其他红色圈则表示按物种划分的捕获量。请注意，每一种鲸鱼喜欢的水域不同：塞鲸喜欢亚热带水域，小须鲸喜欢较寒冷的水域，而蓝鲸和长须鲸则聚集在极锋区域。另外，在收集这些数据时，许多座头鲸和抹香鲸已经被捕获，因此它们在插图上呈现的捕获量较少。

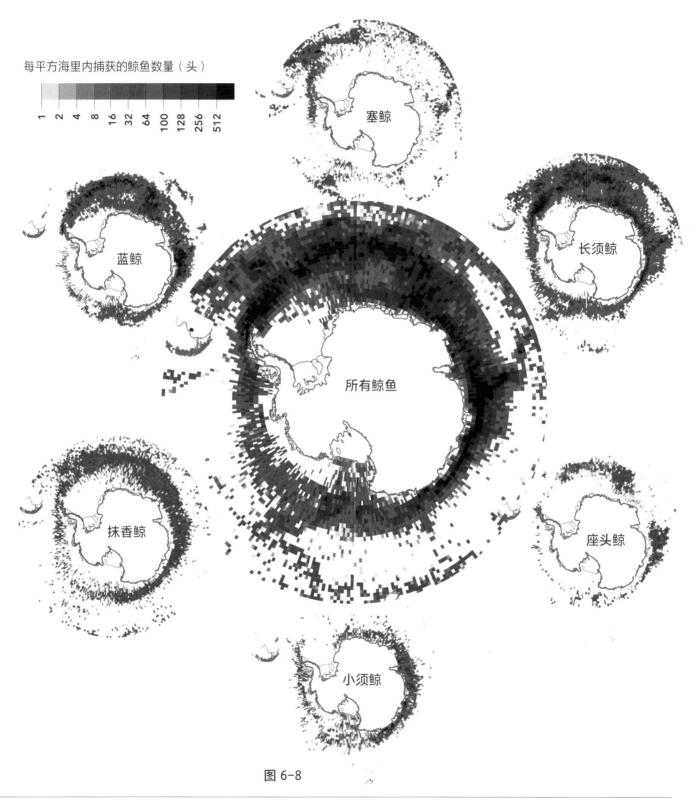

每平方海里内捕获的鲸鱼数量（头）

1 2 4 8 16 32 64 100 128 256 512

塞鲸

蓝鲸

长须鲸

所有鲸鱼

抹香鲸

座头鲸

小须鲸

图 6-8

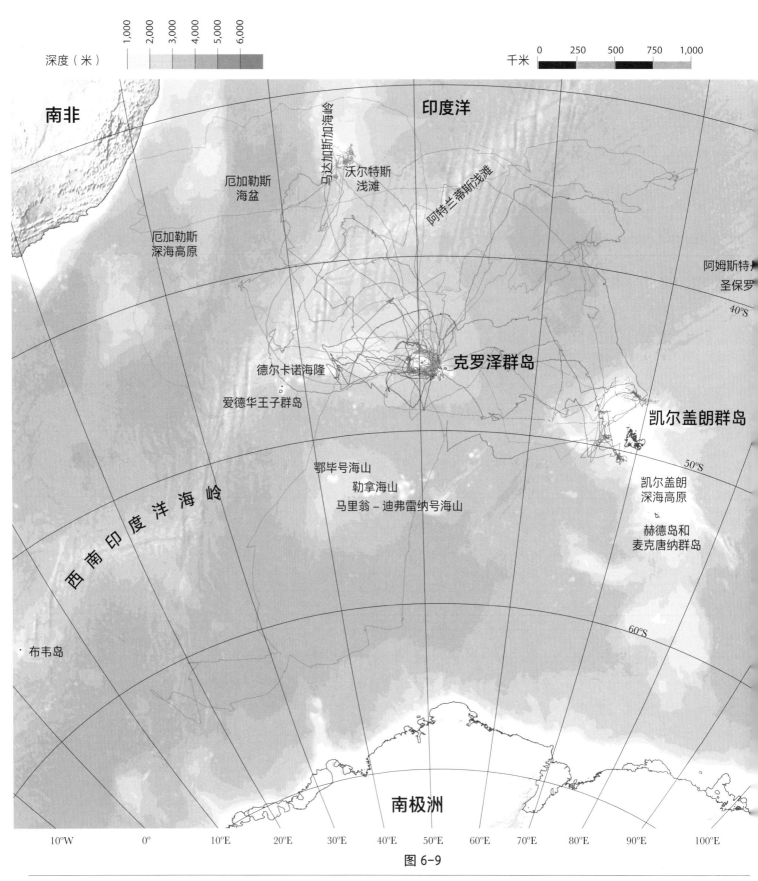

图 6-9

44. 伟大的流浪者——漂泊信天翁

漂泊信天翁拥有鸟类中最长的翼展，是一种令人敬畏的生物。这种"漂泊者"重达 12 千克，翼展 3.5 米，它们在陆地上很笨拙，甚至很难在没有强风时飞起来，不过一旦到了空中，它们就是最优雅的飞行者。漂泊信天翁能够在南大洋的强风中轻松优雅地滑翔，它们很少拍打那巨大的翅膀，只用最少的能量就能停留在高空。这种生物可以长途跋涉，平均每天飞行近 1,000 千米，有时在一次觅食之旅中就能飞 1 万千米。据记录，一些信天翁仅在 46 天内就能环绕整个南大洋飞行，旅程近 3 万千米。

至今，人类仍未了解漂泊信天翁旅行的目的和目的地。不过，随着跟踪设备最新的技术进步，我们开始了解这种神秘鸟类的漫游。图 6-9 展示了法国研究人员在南印度洋上的克罗泽群岛标记的 28 只漂泊信天翁的踪迹。偏远而多岩石的克罗泽群岛是野生动物的天堂，它为成千上万的企鹅、海豹和海鸟在动荡的南部海域中提供了繁殖地。

这张地图上有超过 5 万条 GPS 记录，每只鸟的旅程都以不同颜色的线条标示。从这些线条来看，漂泊信天翁名副其实，似乎在各个地点随意地游荡。但仔细观察后，我们发现了一些规律：这些信天翁倾向于围绕在克罗泽群岛和凯尔盖朗群岛的海底高原边缘或围绕在海底山脉周围。这些海域很可能有从更深的水域带来的高营养物质和高生产力，从而成为信天翁最爱的觅食地。

45. 地球上最富饶的地方

据说，南乔治亚岛沿海地带野生动物的密度比地球上其他任何地方都要大。这里有500万只海狗、数百万只企鹅、数万只巨大的象海豹以及一些世界上最大的信天翁和其他海鸟群体。当你踏上南乔治亚岛的海滩时，一定会被岛上繁多的动物种群所震撼。这些动物在这里繁殖，它们被环绕岛屿的富饶、寒冷、高产的水域所吸引，这些水域被深层上涌的水流和大约160个冰川流出的沉积物所滋养。

南乔治亚岛上的野生动物经历了一段动荡的历史。1775年，詹姆斯·库克船长首次登陆该岛，不久之后，捕猎者也来到这里，他们猎杀大量的海狗和象海豹以获取它们的脂肪和毛皮。在接下来的一个半世纪里，海狗和海豹捕猎者几乎彻底消灭了这些动物。到20世纪中叶，南乔治亚岛上海狗的数量从几百万只下降到不足50只。当海狗和象海豹数量急剧减少时，捕鲸者也来了。20世纪初，捕鲸者建立了6个工业捕鲸站，南乔治亚岛成为全球捕鲸业的中心。捕鲸船队从这里出发去捕捉这种巨大的海洋生物，再将死去的鲸鱼带回这里进行加工处理。成千上万的鲸鱼在捕鲸站被割开并熬制成鲸油，直到鲸鱼也濒临灭绝。受害的不仅仅是海豹和鲸鱼。捕鲸者带来了作为人类食物的驯鹿，无意中也带来了老鼠——它们跟随船队来到了岛上。

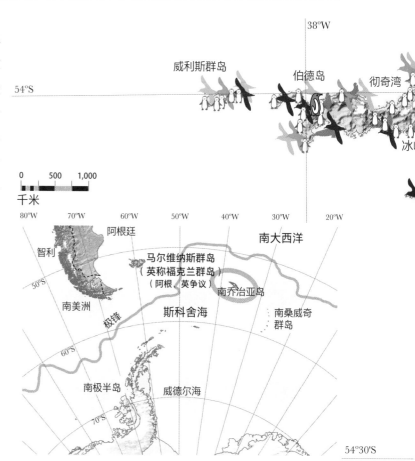

这些外来物种对覆盖该岛的全球重要海鸟群落产生了毁灭性影响。对于许多世代在此繁殖的信天翁和海燕来说，驯鹿的践踏和老鼠对鸟蛋和雏鸟的捕食使得岛上大部分地区都不再安全。

捕鲸站在 1965 年南大洋捕鲸禁令颁布后就关闭了。人们清除了捕鲸者带来的动物（包括驯鹿和老鼠），希望恢复本土鸟类的数量。象海豹和海狗回来了，它们迅速繁殖并填满了海滩，岛屿周围大型鲸鱼的数量也逐渐在恢复。我们希望信天翁种群也能恢复，但这可能有些渺茫。气候变化正在迅速改变这个岛屿原本冰冷的中心地带。随着气温的上升，冰川正在消退。南乔治亚岛是地球上冰川消退最快的地方之一，一些冰川已经消退了近 14 千米，其他冰川则完全消失。这可能会对那里的野生动物造成严重影响。岩石被冰川侵蚀，化为粉砂沉积到海洋中，会导致周围的海水变成乳蓝色。这些沉积物为这个富饶的海洋生态系统提供了大约一半的营养物质。因此当冰川消失时（将在未来几十年内发生），营养物质的来源将会消失。而到那时，在南乔治亚岛上生活的各种野生动物将会面临什么，目前还不得而知。

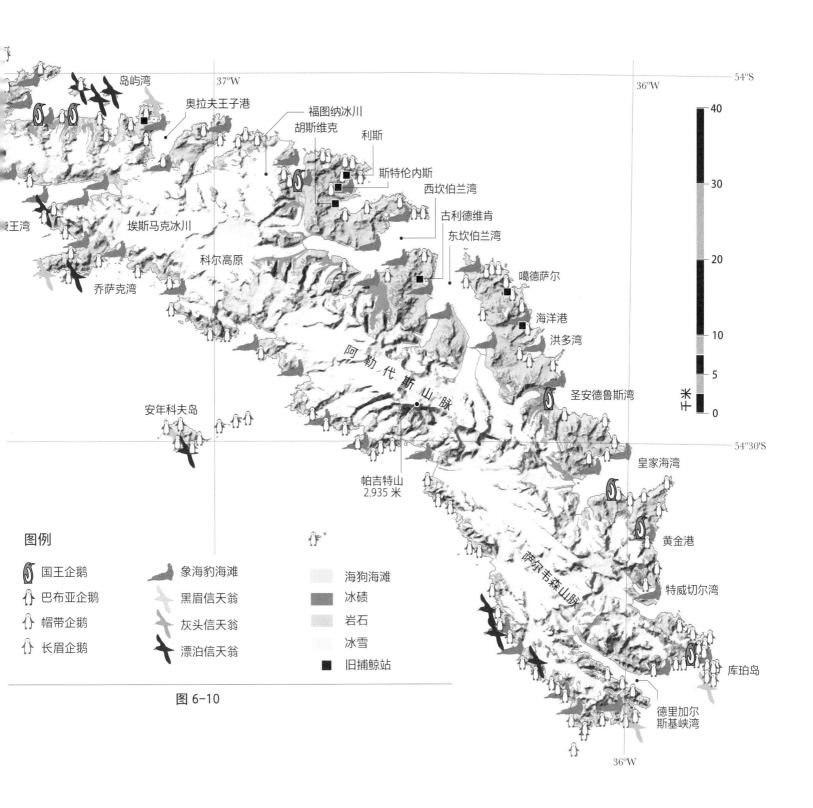

图 6-10

图例

国王企鹅
巴布亚企鹅
帽带企鹅
长眉企鹅
象海豹海滩
黑眉信天翁
灰头信天翁
漂泊信天翁
海狗海滩
冰碛
岩石
冰雪
旧捕鲸站

第七章

人

46. 去南极洲

现在去南极洲要比过去容易多了。如今，大多数人可以乘坐飞机直达南极大陆。尽管南极洲还没有公认的主要机场，不过有不少砾石跑道（以黑色方块表示）和冰面跑道（以黑色圆点表示），供长途喷气机或涡轮螺旋桨飞机起降。另外，轮船仍然是很重要的交通工具，它们将大部分燃料、补给和设备运送到南极大陆。

非洲、大洋洲和南美洲等南部大陆都有特定的"门户"城市充当物流枢纽，向南极运输人员和货物。每个城市都为它正南方的研究站提供支持：南非的开普敦为毛德皇后地提供补给；澳大利亚塔斯马尼亚岛上的霍巴特为东南极洲的大部分地区提供补给；新西兰的坎特伯雷地区是通往罗斯海地区的门户；而智利的蓬塔阿雷纳斯和阿根廷的乌斯怀亚则支持着南极半岛。

无论是为研究站提供补给，还是带来游客，几乎所有前往南极洲的飞机和轮船都是从这五个门户城市出发的。马尔维纳斯群岛（福克兰群岛）的阿根廷港（斯坦利港）是除去这五个城市外唯一的出发点，它仍然在为英国的一些研究站提供物资。

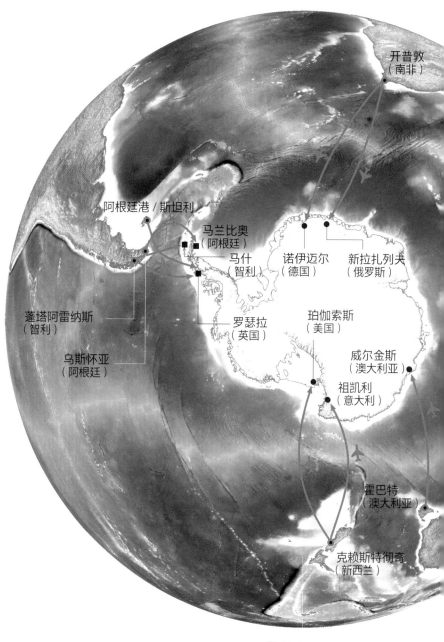

图 7-1

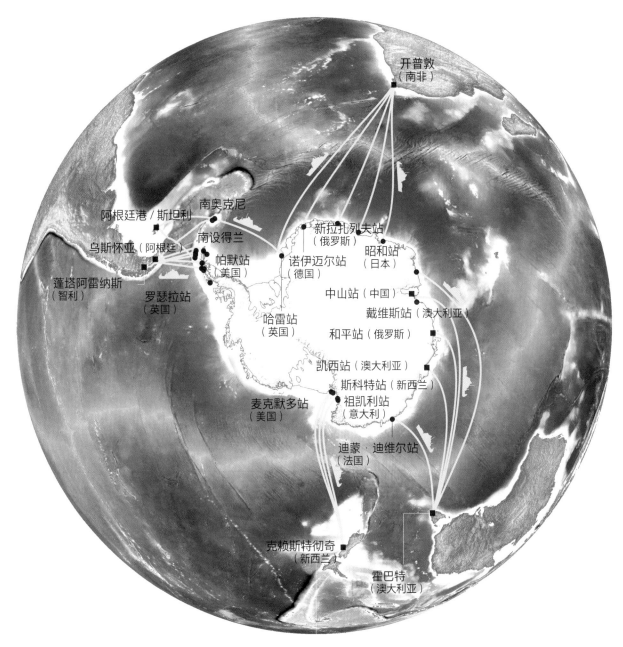

图 7-2

到达南极洲的飞机需要飞越南大洋，而南大洋在南美洲和南极半岛之间最窄的地方也有将近 1,000 千米宽，如果从开普敦或坎特伯雷起飞就更远了，因此只有大型洲际飞机——通常是前军用飞机，如洛克希德 C-130 或大型俄罗斯伊尔 -76 运输机——才能胜任。观光船有各种类型和大小，但大多在南极半岛周围相对安全的海域航行，那里夏天时有开阔的水域。考察船往往有更好的装备，船体更坚固，可以抵御冰的侵蚀。因为它们常常会驶入更南的地区，穿过厚厚的浮冰才能抵达研究站。

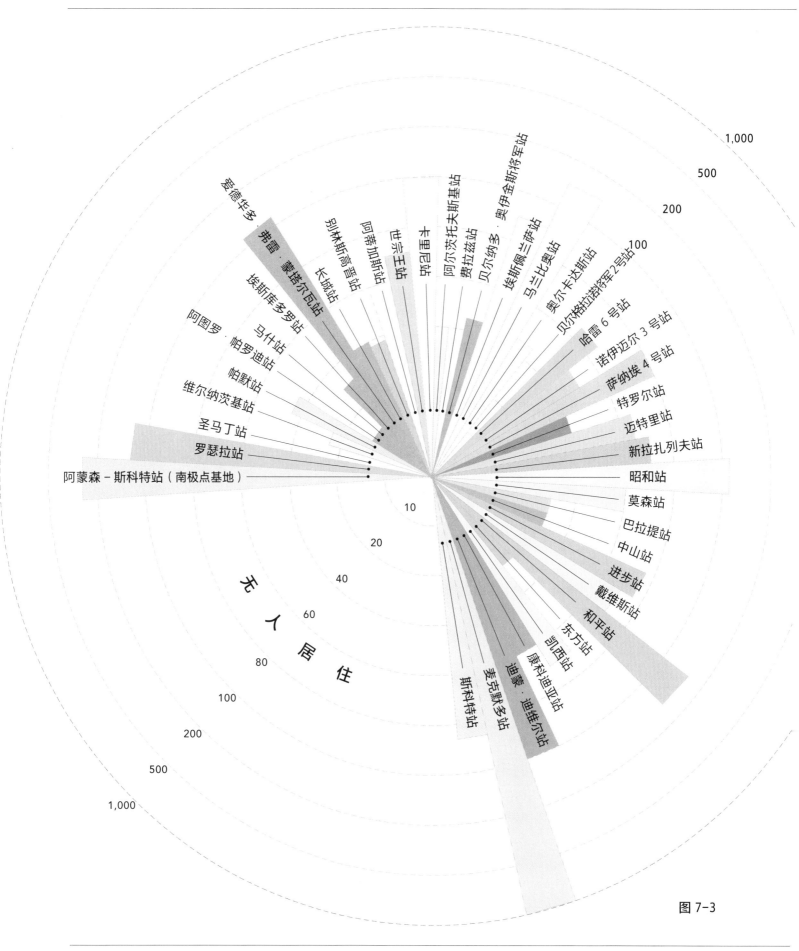

无人居住

1,000
500
200
100

阿蒙森-斯科特站（南极点基地）

爱德华多

弗雷·蒙塔尔瓦站

别林斯高晋站

长城站

阿蒂加斯站

世宗王站

卡马里站

阿尔茨托夫斯基基站

费拉兹站

贝尔纳多·奥伊金斯·里克尔梅站

埃斯佩兰萨站

马兰比奥站

奥尔卡达斯站

贝尔格拉诺将军2号站

哈雷6号站

诺伊迈尔3号站

萨纳埃4号站

特罗尔站

迈特里站

新拉扎列夫站

昭和站

莫森站

巴拉提站

中山站

进步站

戴维斯站

和平站

东方站

凯西站

康科迪亚站

迪蒙·迪维尔站

麦克默多站

斯科特站

埃斯库多罗站

马什站

帕罗迪站

帕默站

维尔纳茨基站

圣马丁站

罗瑟拉站

阿图罗·普拉特站

10
20
40
60
80
100
200
500
1,000

图 7-3

47. 谁居住在南极洲？

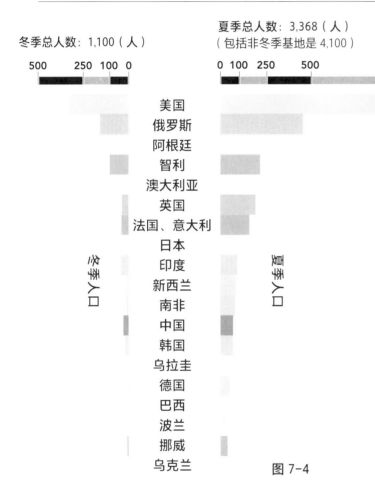

冬季总人数：1,100（人）

| 500 | 250 | 100 | 0 |

夏季总人数：3,368（人）
（包括非冬季基地是 4,100）

| 0 | 100 | 250 | 500 | 1,000 | 1,500 |

美国
俄罗斯
阿根廷
智利
澳大利亚
英国
法国、意大利
日本
印度
新西兰
南非
中国
韩国
乌拉圭
德国
巴西
波兰
挪威
乌克兰

冬季人口

夏季人口

图 7-4

南极洲没有常住人口，也是地球上唯一没有原住民的大陆。直到大约70年前，南极洲还完全无人居住。第一批军事站和研究站建立于第二次世界大战的最后几年，并在20世纪50年代和60年代数量激增，多数是当时的超级大国和在当时声称对南极洲部分地区拥有主权的国家建立的。那时的许多基地由军方管理，但在1959年《南极条约》签署后，科学家和科研工作后勤人员成了这些基地的主要居民。随着越来越多国家对南极洲感兴趣，更多国家签署了《南极条约》，同时也建立了更多的科考站。如今，29个国家在南极洲设有观测站。在夏季，南极大陆的人口可以达到近4,000人，而在冬季仅为1,000人。

图7-4显示了每个国家在冬季和夏季分别有多少人居住在南极洲。到目前为止，无论是哪个季节，来自美国的南极居民都是最多的，是第二名俄罗斯的两倍多。人数略少于俄罗斯的是位于南美洲的阿根廷和智利，接下来是澳大利亚和法国，这四个国家都曾对南极部分地区提出过领土要求。

图7-3中的数字表示每个主要研究站的最大容量。每个研究站所代表的色块的位置是根据其在南极洲的位置粗略确定的。阿蒙森－斯科特站（南极点基地的官方名称）和斯科特站之间的空白是由于罗斯海和南极半岛之间是无人区，那里没有任何定居点。

48. 南极洲科考站

与早期探险家的木屋相比，南极洲的住宿条件已经有了显著的改善。在近期建造的研究站，设计风格十分现代化，独特且令人惊叹。

极地恶劣的环境条件让现代科考站面临几大挑战。其中最明显的挑战自然是寒冷，因此所有的建筑都需要极好的隔温效果，厚实的保护层是所有极地基地的重要组成部分。但更严峻的挑战是积雪。南极洲的雪从不融化，因此地表的建筑很快就会被覆盖和掩埋，最终被数千吨冰雪压垮。为了解决这个问题，大多数现代化科考站都建在高出地面的支架上，有些科考站每年都需要被顶起，以确保雪不会堆积在上方。许多科考站建有圆形的轮廓，并朝向盛行风，这样就可以在南极冬季的呼啸大风中减弱狂风的噪声并减少基地的振动。

对生活在南极大陆上的人们来说，最严重的威胁之一是基地的火灾。在南极洲，基地之间的距离往往有几百千米。这是一个严重的问题，它意味着如果发生火灾，在救援到来之前，附近需要有一个地方作为基地人员的避难所。考虑到这种风险，许多科考站在设计上都是模块化的。如果基地的部分模块遭难，人员可以转移到火灾无法影响到的其他建筑模块里。这一设计对于南部腹地的越冬站来说尤为必要，例如哈雷 6 号站、康科迪亚站和阿蒙森 - 斯科特站。

南极洲科考站的伟大设计

哈雷 6 号站，英国

哈雷 6 号站位于不断向海岸移动的浮冰架上，因此被设计成可拆分并可拖往内陆的形态。该研究站由八个相互连接的模块组成。哈雷 6 号站主要研究大气科学，1984 年，科学家就是在这里发现了臭氧层空洞（见第 62—65 页）。

康科迪亚站，法国、意大利

由法国和意大利联合开设的康科迪亚站建立在南极冰盖最高、最孤立的地区。康科迪亚站海拔 3.2 千米，距海岸 1,000 余千米，非常寒冷，平均温度为 −54.5 ℃。在冬季，气温有时会骤降到 −80 ℃以下；在夏季，气温也很少高于 −25 ℃。基地由两个鼓形三层主建筑和一个通过封闭走道连接的小型技术站组成。和其他几个位于冰上的科考站一样，康科迪亚站建在多个支架上，让雪在建筑下方流动。

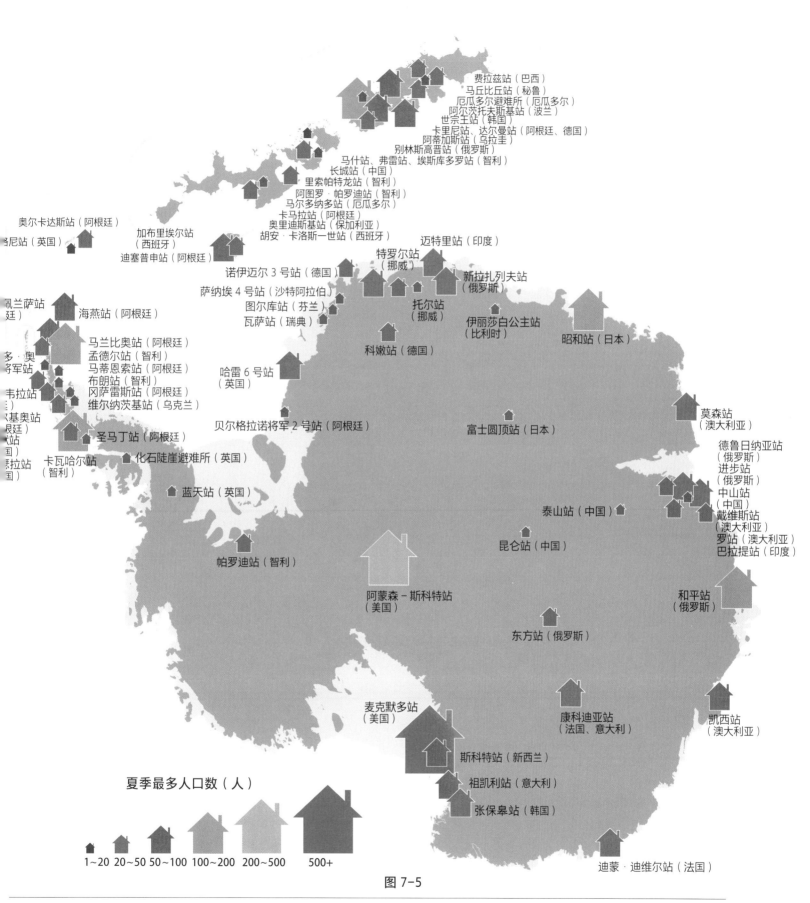

费拉兹站（巴西）
马丘比丘站（秘鲁）
厄瓜多尔避难所（厄瓜多尔）
阿尔茨托夫斯基站（波兰）
世宗王站（韩国）
卡里尼站、达尔曼站（阿根廷、德国）
阿蒂加斯站（乌拉圭）
别林斯高晋站（俄罗斯）
马什站、弗雷站、埃斯库多罗站（智利）
长城站（中国）
里索帕特龙站（智利）
阿图罗·帕罗迪站（智利）
马尔多纳多站（厄瓜多尔）
卡马拉站（阿根廷）
奥里迪斯基站（保加利亚）
胡安·卡洛斯一世站（西班牙）

奥尔卡达斯站（阿根廷）
尼站（英国）
加布里埃尔站（西班牙）
迪塞普申站（阿根廷）
诺伊迈尔3号站（德国）
萨纳埃4号站（沙特阿拉伯）
图尔库站（芬兰）
瓦萨站（瑞典）

迈特里站（印度）
特罗尔站（挪威）
新拉扎列夫站（俄罗斯）
托尔站（挪威）
伊丽莎白公主站（比利时）
昭和站（日本）
科嫩站（德国）

佩兰萨站
廷
海燕站（阿根廷）
马兰比奥站（阿根廷）
孟德尔站（智利）
马蒂恩索站（阿根廷）
布朗站（智利）
冈萨雷斯站（阿根廷）
维尔纳茨基站（乌克兰）
圣马丁站（阿根廷）
卡瓦哈尔站（智利）
多·奥
将军站
韦拉站
基奥站
廷
拉站

哈雷6号站（英国）

贝尔格拉诺将军2号站（阿根廷）
化石陡崖避难所（英国）
蓝天站（英国）
帕罗迪站（智利）

富士圆顶站（日本）

莫森站（澳大利亚）
德鲁日纳亚站（俄罗斯）
进步站（俄罗斯）
中山站（中国）
戴维斯站（澳大利亚）
罗站（澳大利亚）
巴拉提站（印度）

泰山站（中国）
昆仑站（中国）

和平站（俄罗斯）

阿蒙森－斯科特站（美国）

东方站（俄罗斯）

麦克默多站（美国）

康科迪亚站（法国、意大利）

凯西站（澳大利亚）

斯科特站（新西兰）
祖凯利站（意大利）
张保皋站（韩国）

夏季最多人口数（人）

1~20　20~50　50~100　100~200　200~500　500+

迪蒙·迪维尔站（法国）

图 7-5

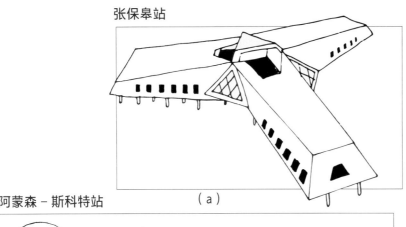

张保皋站

阿蒙森－斯科特站

（a）

泰山站

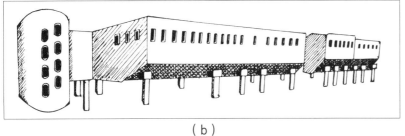

（b）

（c）

阿蒙森－斯科特站，美国

阿蒙森－斯科特站位于地理南极点，是南极大陆上第二大研究站，占地 7,600 平方米，几乎可以肯定的是，它是南极洲最大的单体建筑。它可以容纳 250 名人员，拥有最先进的实验室、工坊和生活空间，整体建筑由 35 个液压支架从冰面上升起。它的设计模仿飞机机翼的外形，因而不会影响雪在建筑物上方和周围飘动，并且可以最大限度地减少建筑物上的积雪量。

张保皋站，韩国

拥有巨大的现代化结构的张保皋站是近期完工的南极基地之一，于 2017 年竣工。该基地位于罗斯海的特拉诺瓦湾，靠近意大利的祖凯利站。三翼主建筑只是基地 16 座建筑之一，另外还有 24 个观测站，使该基地成为除了美国基地之外最大的观测站之一。张保皋站也是韩国的第二个全年基地，体现了韩国对南极研究的长期投入。

诺伊迈尔 3 号站，德国

和英国的哈雷站一样，由阿尔弗雷德·魏格纳研究所运营的德国诺伊迈尔站坐落在浮冰架上，并已经进行了多次改造。不过由于埃克斯特伦冰架的移动速度比布伦特冰架慢，这是诺伊迈尔基地的第三座建筑，而哈雷基地已经建起了第六座。在该基地进行的科学研究也与哈雷基地类似，不过，在大气研究之外，诺伊迈尔站还是德国南极项目的后勤基地。这座建筑本身矗立在离冰面 6 米的地方，总高度近 30 米。建筑物下方是一个车库，位于冰雪之下。

泰山站，中国

泰山科考站的外形像一个飞碟，其巧妙的设计可以引导风绕过建筑物，避免积雪。插图展示了该基地 7 座建筑中最大的一座，它位于东南极的一个偏远地区，在中国其他两个科考站（即沿海的中山站和极地内陆的昆仑站）的中间。泰山站充当了这两个科考站之间的补给中转站。

伊丽莎白公主站

康科迪亚站

（d）

（e）

哈雷 6 号站

巴拉提站

（f）

（g）

诺伊迈尔 3 号站

（h）

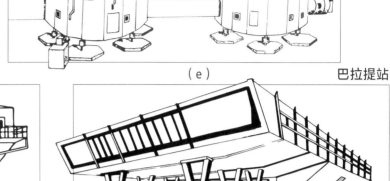

诺伊迈尔 3 号站

伊丽莎白公主站

哈雷 6 号站

巴拉提站

泰山站

阿蒙森－斯科特站

康科迪亚站

张保皋站

图 7-6

巴拉提站，印度

印度的第三个科考站巴拉提站是一个专注于海洋学和地质研究的科学基地。它位于东南极拉斯曼丘陵地区的三个国际站附近。看着巴拉提站时髦的外形，你不会想到它其实是由 134 个互相连接的集装箱组成的，集装箱外包围着绝缘、闪亮的银色外壳。

伊丽莎白公主站，比利时

这座造型优美的银色建筑坐落于悬崖之上，俯瞰着毛德皇后地的冰原，看起来像是电影中反派的完美藏身处。但事实并非如此。伊丽莎白公主站被风力涡轮机和太阳能电池板包围，是南极洲唯一的碳中和基地，由环保材料建造。基地十分节能，使用创新的污水处理系统。运营该科考站的比利时在参与南极研究的国家中算不上名列前茅，但这个令人惊叹的先进基地令许多国家羡慕不已。

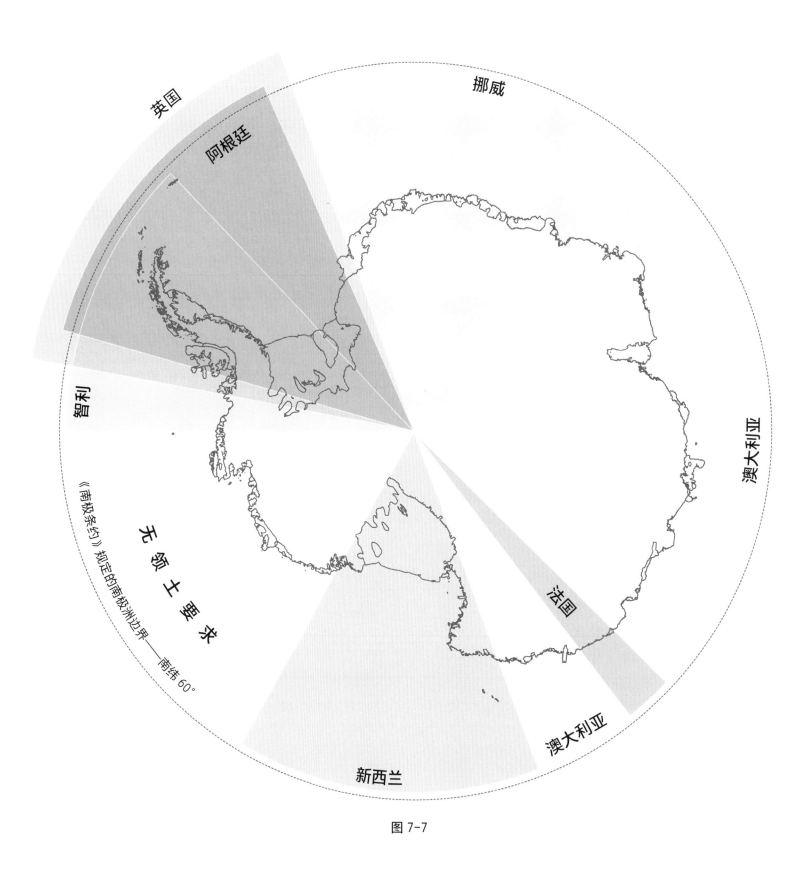

挪威

英国

阿根廷

智利

澳大利亚

法国

澳大利亚

新西兰

《南极条约》规定的南极洲边界——南纬 60°

无领土要求

图 7-7

49. 瓜分南极洲

到 20 世纪 50 年代末，共有七个国家对南极大陆的部分地区提出了领土要求，将南极大陆划分为若干部分。当时的两个超级大国——苏联和美国都拒绝承认其他任何主权要求，并保留未来提出主权要求的权利。此外，英国、阿根廷和智利的主权要求有重叠。政治局势紧张加剧。谁能最终获得这片广袤新大陆的土地和潜在的矿产资源呢？这场冷战对峙会演变成更冷的南极战争吗？

变革不是由政治家推动的。1957 年至 1958 年，一个转折事件彻底改变了南极大陆的未来。在国际地球物理年活动中，各国科学家们聚集在一起进行了国际多学科项目合作。科学没有国界，来自不同国家的研究人员聚集在南极洲，在各种跨学科项目上进行了合作，来了解这片神秘的新土地。这次合作非常成功，它为政治协议《南极条约》提供了必要的动力。

那么，各国的领土要求怎么办呢？它们依然存在，但在《南极条约》有效期内被暂时搁置。各国政府在外交事务上往往着眼于长远，希望保留自己曾经的主张，以防万一。毕竟，谁知道未来会发生什么呢？

50. 谁拥有南极洲？

1957 年至 1958 年国际地球物理年活动成功举办后，人们一致同意不将南极大陆作为一个国家，而是由相关政府组成的委员会来统一管理，并在《南极条约》中将该原则确定下来。

《南极条约》禁止军事化和核武器，以确保南极大陆仅用于科学研究等其他和平目的，并允许不同国家的科学家自由访问。接着，在 1991 年，《南极条约》增加了一项环境协议，禁止开采矿产和石油资源。

图 7-8 中内圈的 12 面国旗所代表的国家于 1959 年签署了《南极条约》，该条约于 1961 年生效。到今天为止，共计有 53 个国家签署了该条约，新增国家的国旗位于外圈。

这些国家的政府官员每年聚在一起举行会议，共同讨论环境保护和规范管理等南极治理要点并达成共识。南极条约体系并非无懈可击，但总的来说，它可以作为一个典范，来展示各国如何以和平和科研为目的来共同管理一座大洲。

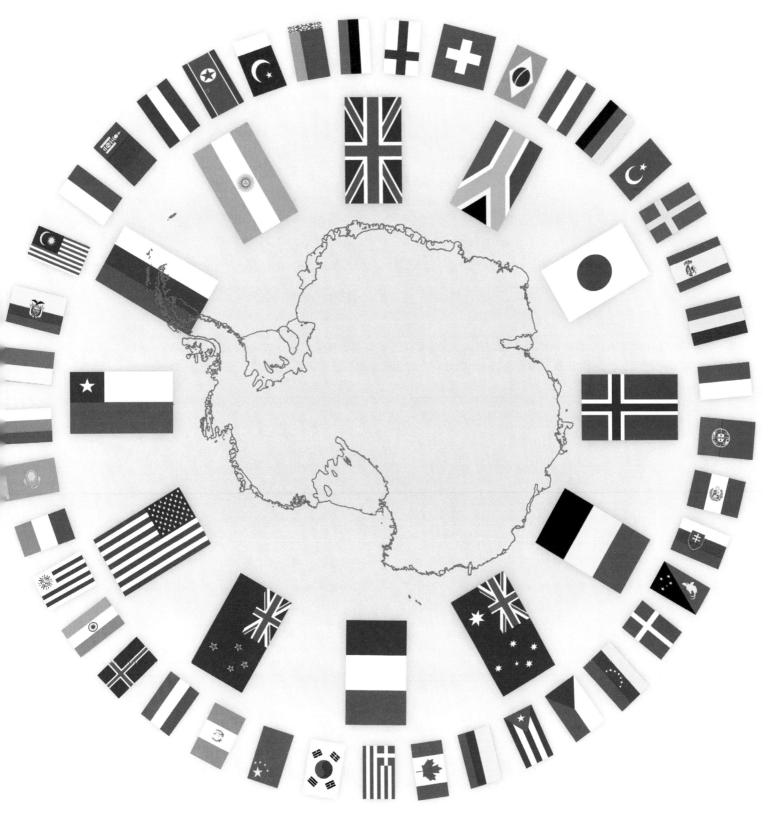

图 7-8

图中建筑

1. 易燃物仓库
2. 交通工具仓库
3. 垃圾处理厂
4. 车库
5. 冷藏库
6. 燃料库
7. 行政办公室
8. 邮局
9. 温室

10. 麦克默多站主体建筑
11. 医院
12. 酒吧
13. 俱乐部
14. 体育馆
15. 消防站
16. 联合航天器营运中心
17. 咖啡馆
18. 教堂

19. 发电厂
20. 废水处理厂
21. 水厂
22. 麦克营运通信中心
23. 凯里科学与工程中心
24. 国家科学基金会大楼
25. 国家科学基金会宿舍
26. 贝格中心
27. 健身房

28. 直升机机库
29. 停机坪
30. 维修施工中心
31. 科学支持中心
32. 旧电厂
33. 电子仓库
34. "发现"号小屋
35. 哈特角纪念馆

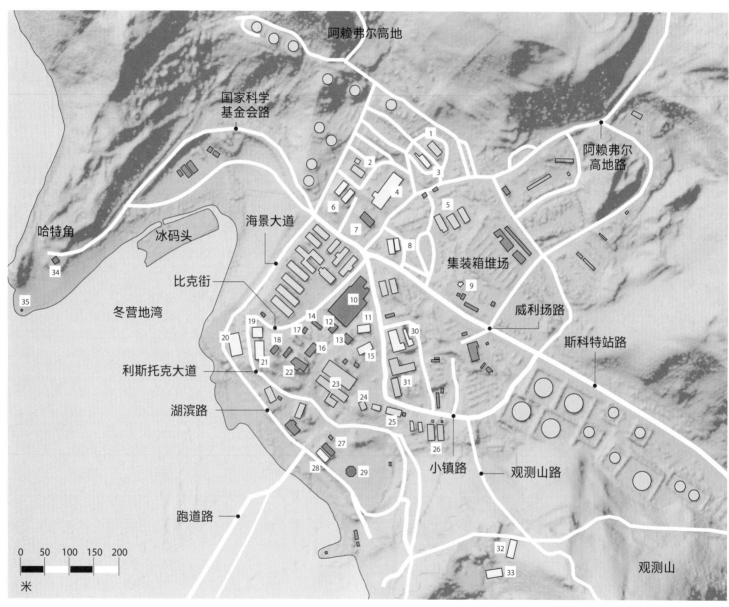

图例

- ⬭ 燃料箱
- ▢ 仓库
- ▢ 科学设施
- ▣ 行政场所
- ▢ 技术设施
- ▨ 休闲娱乐场所
- ▢ 住所
- ▨ 未记录
- ⬤ 停机坪
- —— 路

图 7-9

51. 南极第一城

麦克默多站，通常被其居民简称为麦克默多或麦克城，是美国在罗斯岛上的科考站，也是迄今为止南极洲最大的定居点。麦克默多更像一个小镇而不是一个研究站，它拥有电影院、咖啡店、酒吧、俱乐部、健身房和几家餐厅。它甚至有自己的公交车站和出租车服务。麦克默多紧邻着哈特角的南岸，而哈特角半岛是斯科特和沙克尔顿征服南极之前过冬的地方。麦克默多是南极大陆上历史最悠久的基地之一，1955年作为美国基地建立，从那时起一直有人居住。该站最多可以容纳约1,300人；夏季常规人口约为1,000人，至少是其他南极科考站的两倍。

麦克默多基地主要作为美国南极项目的后勤和科学中心。基地派出飞机、牵引车和直升机，为在南极大陆各地的其他基地和偏远地区的探索者们提供补给。基地有两条冰跑道：一条位于海冰上，供小型飞机使用；另一条建在更坚固的冰架上，供大型洲际飞机使用。基地的大部分货物和燃料由货船供应。由于纬度太高，即使在盛夏，海水也经常结冰，因此每年都要动用强大的破冰船来凿开一条通往陆地的航道。

麦克默多站

图 7-10

52. 可移动的科考站

哈雷 6 号科考站是南极洲仅有的两个位于浮冰架上的永久考察站之一。它面临一些独特的挑战——在低矮、厚实的冰架上，天气寒冷、多风、多雪。哈雷基地自 1958 年以来一直位于布伦特冰架上，目前已经经历了第六次改造。哈雷基地的前三个版本都是普通的木制建筑，以抵御寒冷和大风为目的而建造，但冰雪会堆积在房屋的两侧，直到它们被一个个地掩埋、压碎。

哈雷 4 号科考站的设计和建造初衷是能够承受上层冰雪的巨大压力，但随着建筑被埋得越来越深，就连房间和走廊的加固上层结构也被挤压变形，最终这个科考站也变得无法居住。哈雷 5 号科考站用支架把建筑从地面上抬升，并每年都将建筑顶高抬升，以解决冰雪堆积的问题。这样，雪就可以从下方飘过，而不会堆积在基地上。

不过，在浮冰架上建造科考站还要面临另一个问题：冰架上的冰在不断地往海洋的方向移动。在冰架上，冰的移动速度会更快，通常是在大陆上的十倍。最终，冰架抵达海洋并崩解形成冰山。哈雷基地每年向海洋方向移动大约 1 千米，这意味着几十年后，哈雷 5 号科考站就会逼近冰山断裂的海岸冰崩区——这时就需要建造另一个基地了。

哈雷 6 号科考站采用全新的设计。为了解决冰架移动的问题，新的科考站被设计成每隔几年就可拆解并能用拖引机拖离海岸。科考站由 8 个舱体组成，每个舱体都被四个可拆卸的支架支撑。这些支架不仅在

科考站的各舱体

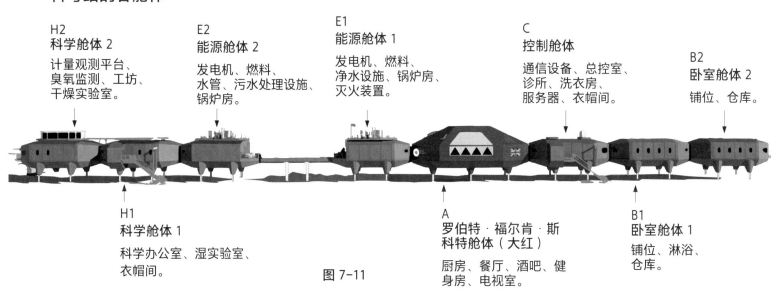

H2
科学舱体 2
计量观测平台、臭氧监测、工坊、干燥实验室。

E2
能源舱体 2
发电机、燃料、水管、污水处理设施、锅炉房。

E1
能源舱体 1
发电机、燃料、净水设施、锅炉房、灭火装置。

C
控制舱体
通信设备、总控室、诊所、洗衣房、服务器、衣帽间。

B2
卧室舱体 2
铺位、仓库。

H1
科学舱体 1
科学办公室、湿实验室、衣帽间。

A
罗伯特·福尔肯·斯科特舱体（大红）
厨房、餐厅、酒吧、健身房、电视室。

B1
卧室舱体 1
铺位、淋浴、仓库。

图 7-11

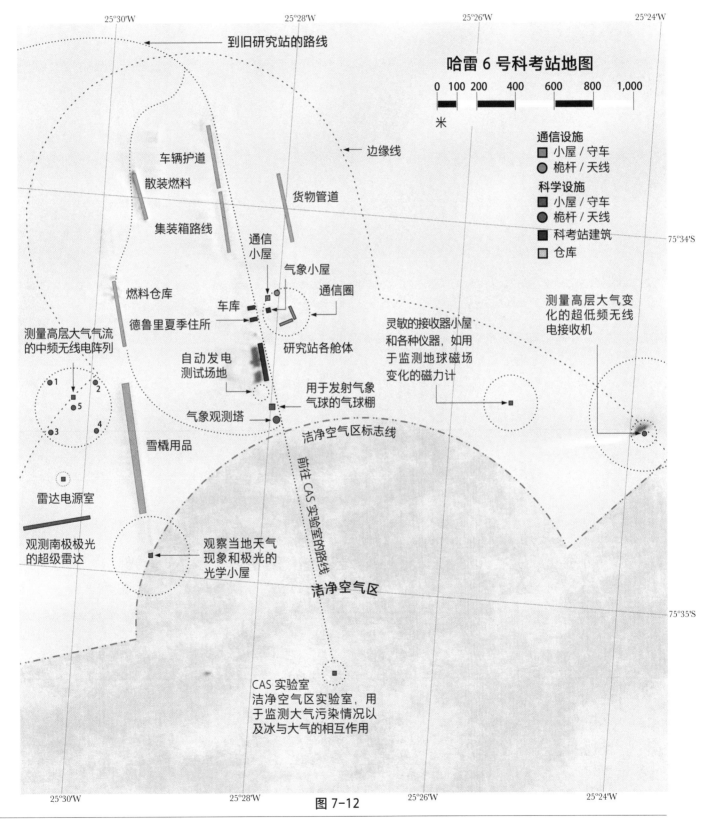

图 7-12

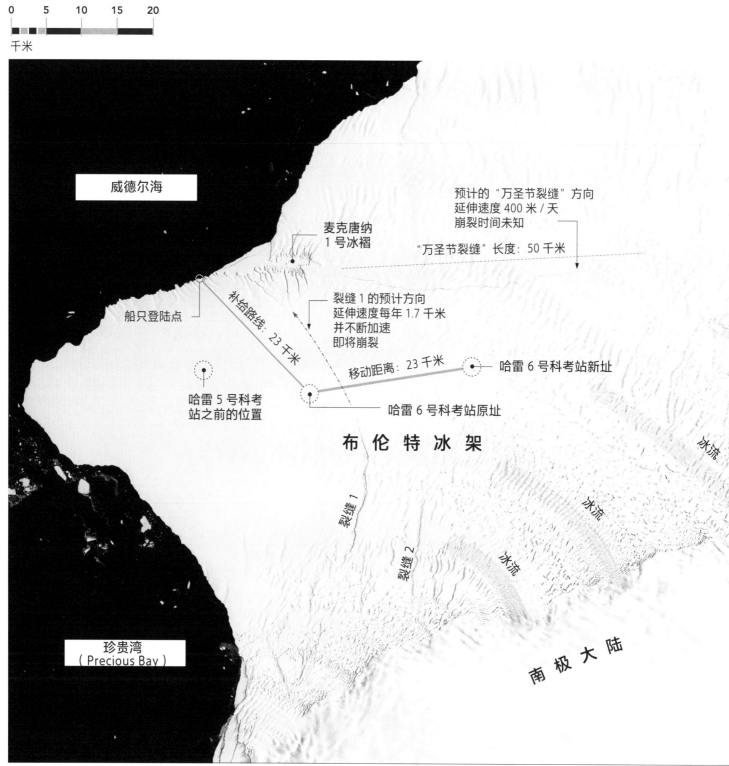

0 5 10 15 20
千米

威德尔海

麦克唐纳
1 号冰褶

预计的"万圣节裂缝"方向
延伸速度 400 米 / 天
崩裂时间未知

"万圣节裂缝"长度：50 千米

船只登陆点

补给路线：23 千米

裂缝 1 的预计方向
延伸速度每年 1.7 千米
并不断加速
即将崩裂

移动距离：23 千米

哈雷 6 号科考站新址

哈雷 5 号科考
站之前的位置

哈雷 6 号科考站原址

布 伦 特 冰 架

冰流

裂缝 1

裂缝 2

冰流

冰流

冰流

珍贵湾
（Precious Bay）

南 极 大 陆

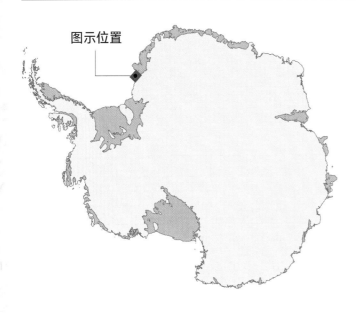

图示位置

冰流

防止冰雪堆积方面至关重要，每个支架的底部还装有一个巨大的滑雪板，使舱体可以被拖引机拉动。新基地于 2012 年启用。

　　基地的搬迁比预期的早。在科考站建成后不久，一个沉睡多年的巨大裂缝开始扩大。裂缝的末端横穿冰架，以每天约 1 米的速度延伸。据预测，如果这个巨大的裂缝继续扩大，它将横穿布伦特冰架，将其一分为二，并在面向大海的一侧形成一座巨大的冰山。不巧的是，新的哈雷 6 号科考站位于裂缝朝向大海的一侧，当冰架崩裂时，科考站会漂浮在冰山上。因此，英国决定搬迁哈雷科考站。2017 年初，科考站的舱体被拆开，并由一组强大的拖引机牵引了近 23 千米，从海岸处转移到一个新的安全地点。

　　故事本应就此结束，但布伦特冰架却"另有想法"。2016 年 10 月 31 日，就在科考站准备搬迁的时候，另一个意料之外的裂缝出现在科考站的北部，并开始以惊人的速度开裂。不到一个月，这条"万圣节裂缝"的长度就已经达到 20 千米。冰川学家意识到，他们无法准确预测冰架的变化。由于研究站的工作人员很可能被隔离且无法获救，人们史无前例地决定哈雷研究站将不会在冬季营运。直到环境条件变得更可预测前，哈雷研究站会作为夏季专用研究站。哈雷基地的搬迁是规划和后勤的一个非常成功的典范，但关于它的命运，南极洲一如既往地拥有最终决定权。

图 7-13

53. 国际盛会

小小的南设得兰群岛吸引了很多国家在此建立科研基地。从这里向北穿过德雷克海峡即可到达南美洲，距离仅 1,000 千米，是南极洲最靠近外界的地方。南设得兰群岛的另一优势在于，它的气候比南极大陆的其他地方更温和，一年中的大部分时间都没有海冰。这里有大量的裸露岩石区域可以建造研究站，而这种情况在这片冰冻荒野的其他地方并不常见。这些优势带来的结果是，南设得兰群岛中心地带拥有的来自不同国家的研究站比南极大陆上其他任何地方都多。

从秘鲁到波兰，从巴西到保加利亚，似乎南极俱乐部的每个成员都在南设得兰群岛有自己的基地。来自 13 个国家的 21 个研究站遍布南设得兰群岛，而乔治王岛的马克斯韦尔湾则是基地最集中的地区。

在这里，智利的砾石飞机跑道是周边许多科考站的后勤枢纽。每年南极冬季，各国的科学家和后勤人员都会聚集在此地，来参加"南极奥运会"。"南极奥运会"并没有如田径、游泳或自行车这些典型的奥运会项目。在漫长黑暗的南极冬天里，留着胡子的越冬者们只能"备战"一些适合在不太宽敞的研究站内进行的体育项目。他们参加桌上足球、乒乓球、飞镖、台球和扑克，以及稍微传统一点的羽毛球和排球等项目。"南极奥运会"以基地为参赛单位，因此，基于国家荣誉感，比赛十分激烈。要是中国人输了乒乓球或者俄罗斯人赢不了排球，那就糟了！

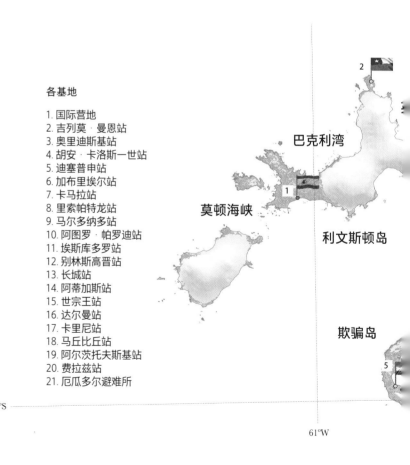

各基地

1. 国际营地
2. 吉列莫·曼恩站
3. 奥里迪斯基站
4. 胡安·卡洛斯一世站
5. 迪塞普申站
6. 加布里埃尔站
7. 卡马拉站
8. 里索帕特龙站
9. 马尔多纳多站
10. 阿图罗·帕罗迪站
11. 埃斯库多罗站
12. 别林斯高晋站
13. 长城站
14. 阿蒂加斯站
15. 世宗王站
16. 达尔曼站
17. 卡里尼站
18. 马丘比丘站
19. 阿尔茨托夫斯基站
20. 费拉兹站
21. 厄瓜多尔避难所

巴克利湾

莫顿海峡

利文斯顿岛

欺骗岛

63°S

61°W

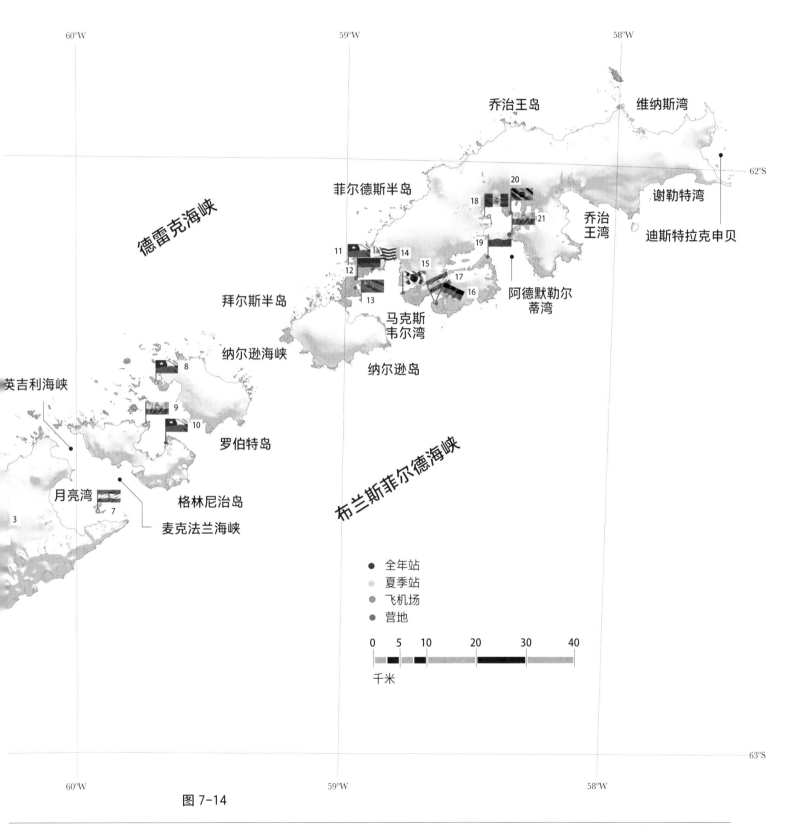

图 7-14

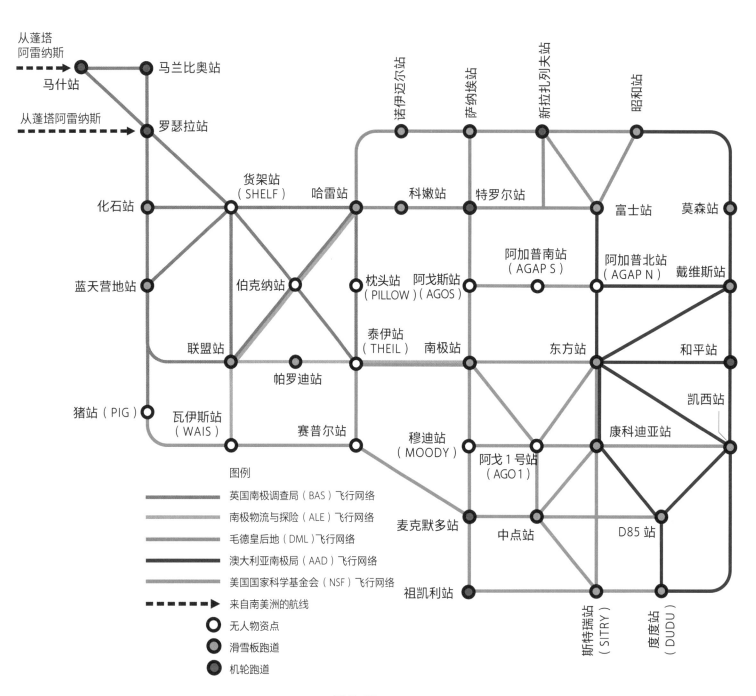

图 7-15

54. 南极航线

南极洲没有道路。穿越内陆茫茫一片的白色冰原既艰难又危险。极端的环境条件和隐藏的裂缝是陆上旅行者们的极大威胁，因此如今几乎所有的旅行都是通过飞机。南极洲各地的简易机场间已经形成了一个飞行航线网络，将不同的研究站连接起来。但硬跑道很少存在，大多数跑道都在冰上，因此飞机必须在滑雪板上起降。

两种类型的飞机成了南极洲的主流，它们是巴斯勒 BT-67 和德哈维兰双水獭（de Havilland Twin Otter）。巴斯勒是 20 世纪 30 年代设计的老式道格拉斯 DC-3 的涡轮螺旋桨版本，而较小的双水獭也源于一种 20 世纪 60 年代使用的机型。这两类飞机都坚固可靠，具有短时间起飞和降落的能力。然而，两者的航程都不超过 1,000 海里（1852 千米），这意味着进入南极洲的唯一途径是通过南大洋的最短穿越路线，即从南美洲穿过德雷克海峡到南极半岛的马什站或罗瑟拉站。再次从南极半岛出发后，飞机必须沿着航线网络飞行并多次补充燃料，才能抵达最终目的地。

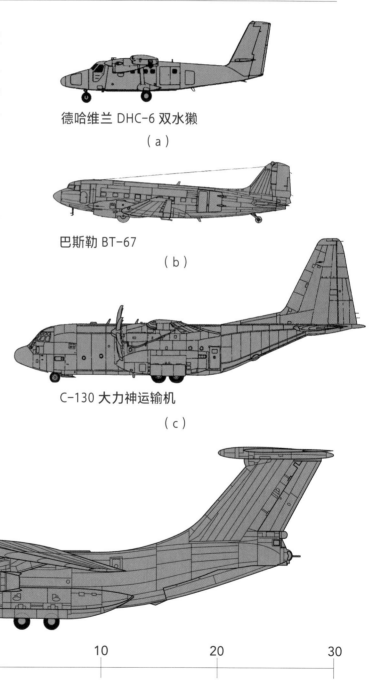

德哈维兰 DHC-6 双水獭

（a）

巴斯勒 BT-67

（b）

C-130 大力神运输机

（c）

伊尔 -76 运输机　（d）

0　　　10　　　20　　　30

米

图 7-16

55. 海洋捕捞

南大洋有丰富的海洋生物，但由于地处偏远且条件恶劣，在南大洋捕鱼既昂贵又危险。然而，随着全球其他鱼类种群被过度捕捞和破坏，捕捞南极鱼类和磷虾的需求也与日俱增。20 世纪 70 年代，南极大陆部分地区的南极鳕鱼（又称"小鳞犬牙南极鱼"）被过度捕捞，数量锐减。因此在 1982 年，国际社会成立了南极海洋生物资源养护委员会（CCAMLR），以保护南大洋的生态和野生动物。该委员会规定了不同种类的鱼或磷虾的捕捞地点和捕捞数量的配额，将海洋划分为多个区域。此外，委员会对捕捞配额采取预防措施，确保商业捕捞不会影响到以南极洲周围海洋生物为食的大量动物，如鲸鱼、海豹和企鹅等。

图 7-17 展示了这些被划定的区域，每个区域的颜色根据其拥有的海洋生物资源决定。渔民的主要目标品种是巨大而利润颇丰的南极鳕鱼，这种鱼身长可达 1.7 米，重可达 160 千克。海洋中第二重要的资源是南极磷虾，基本上由大型工厂渔船捕捞。大多数磷虾被用作动物饲料，也有一小部分优质的磷虾被用于制作保健食品和药物（见第 96 页，"至关重要的磷虾"）。与南极鳕鱼相比，磷虾的重量微不足道，但其捕捞量巨大，有时一年的捕捞量可超过 10 万吨。

南极鳕鱼　　南极磷虾　　南极冰鱼

捕鱼区

□ 南极鳕鱼　■ 磷虾和南极鳕鱼　□ 暂未许可捕鱼

■ 磷虾　■ 磷虾、南极冰鱼和南极鳕鱼　■ 海洋保护区（MPA）

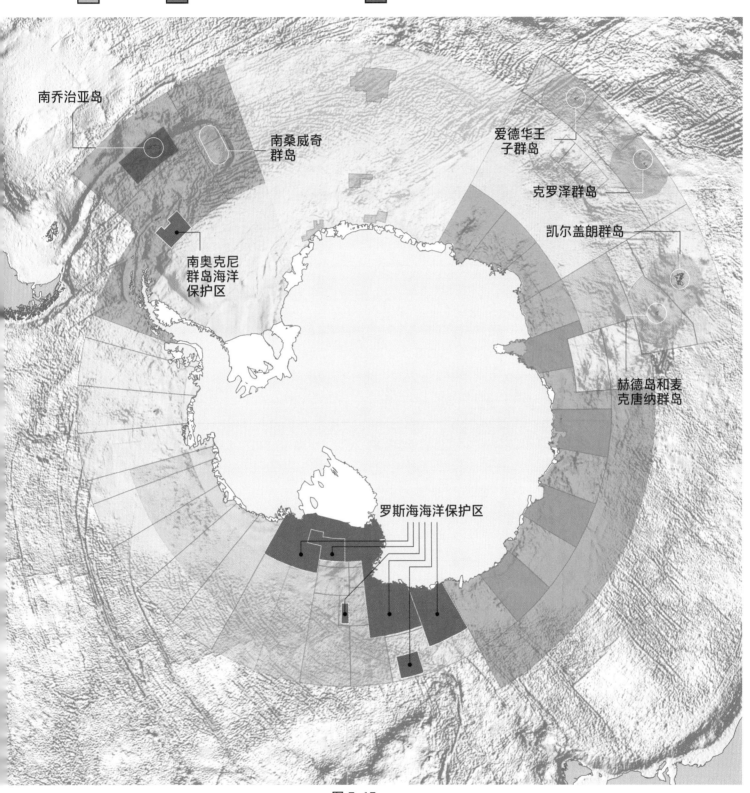

图 7-17

56. 旅游中心

南极洲的旅游业正在成为一宗利润丰厚的生意。每年大约有 4 万名游客被企鹅、风景和南极的超凡脱俗吸引，来到这片冰雪海岸。

几乎所有人都会乘坐游轮到南极半岛地区游览。这个地区拥有南极洲最丰富的野生动物以及最棒并且最容易到达的景点。南极半岛地区也是海冰覆盖面积最小的区域，是南极洲最安全的游轮航行区域。游轮大多会在几个特定地点停泊，通常是企鹅栖息地、历史遗迹（如探险家的纪念碑）、研究站或风景名胜区，同时也会在南极半岛著名的海峡和水道上航行，比如冰天雪地的勒美尔海峡和诺伊迈尔海峡。

图 7-18 显示了每年南极洲游轮的密度以及经典航线，还有南极洲排名前 25 的旅游景点。其中一些地点例如欺骗岛位于南设得兰群岛，但绝大多数景点都位于热尔拉什海峡和格朗迪迪埃海峡之间的一小块区域。那是一片绝美的地区，有风景如画的海湾、丰富的企鹅栖息地，以及从南极半岛清澈的海水中耸立而起的陡峭山脉。游览南极洲一直价格不菲，但那里独具一格的风景、野生动物和环境会带给游客们一种刻骨铭心的旅行体验。

排名前 25 的旅游景点

1. 纳克港	14. 奥恩港
2. 库佛维尔岛	15. 扬基港
3. 古迪耶岛	16. 米克尔森港
4. 半月岛	17. 达莫角
5. 捕鲸者湾	18. 天堂湾
6. 彼得曼岛	19. 普莱诺岛
7. 布朗海军上将站	20. 汉纳角
8. 朱格拉角	21. 沙尔科港
9. 丹科岛	22. 长城站
10. 布朗陡崖	23. 亚勒群岛
11. 沃纳德斯基站	24. 沃特博特角
12. 特来丰湾	25. 别林斯高晋站
13. 巴里恩托斯岛	

图例

 企鹅栖息地

HSM 历史遗迹或纪念碑

 景点

研究站

 观光船通道

年均观光船次

1~5

6~20

21~100

100+

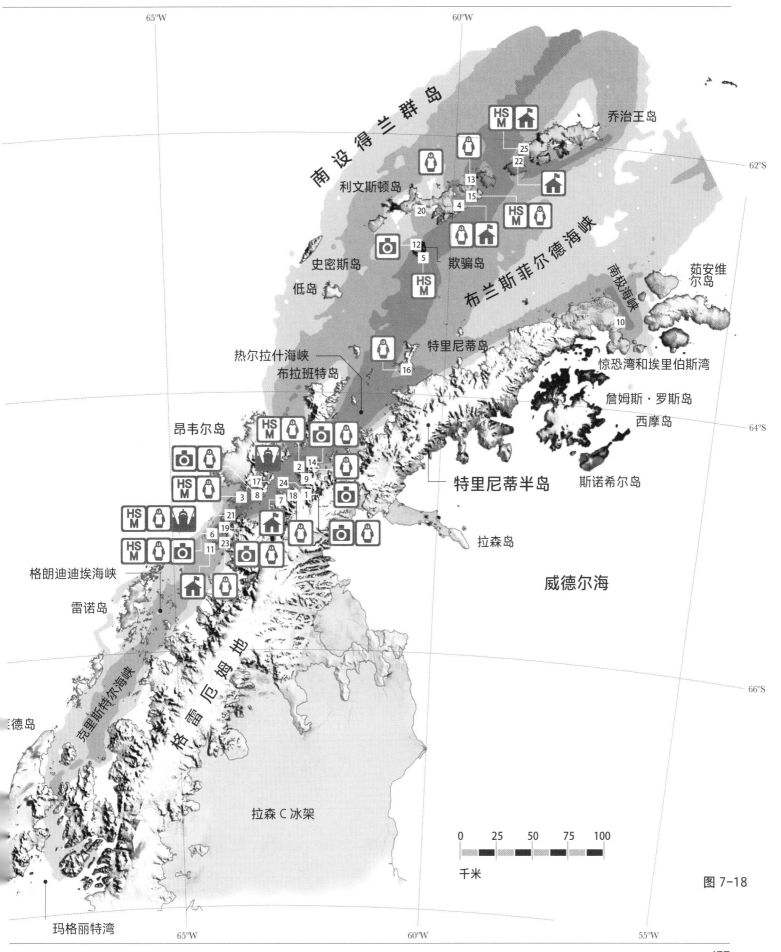

65°W
60°W
55°W

南设得兰群岛

乔治王岛

62°S

利文斯顿岛

史密斯岛

低岛

欺骗岛

布兰斯菲尔德海峡

南极海峡

茹安维尔岛

特里尼蒂岛

惊恐湾和埃里伯斯湾

詹姆斯·罗斯岛

西摩岛

斯诺希尔岛

64°S

热尔拉什海峡
布拉班特岛

特里尼蒂半岛

昂韦尔岛

拉森岛

威德尔海

格朗迪迪埃海峡

雷诺岛

66°S

克里斯特尔海峡

格雷厄姆地

拉森C冰架

0 25 50 75 100

千米

玛格丽特湾

65°W
60°W
55°W

图 7-18

第八章

探险

57. 寻找南极大陆

你可能会认为，发现一个比大洋洲还大一倍的大陆易如反掌，但南极洲的情况并非如此。历史上最伟大的航海家之一——库克船长在 18 世纪 70 年代曾两次尝试绕南大洋航行，但他从未见过陆地，因为他无法穿过环绕海岸的厚浮冰屏障。从他观察到的巨大冰山，库克船长推测，再往南一定有陆地存在，但那片土地可能太过荒凉，不值得再费力气去寻找。关于土地的存在，他的判断是正确的；但关于土地的价值，他判断错了。

又过了五十年，南极洲才最终被发现。几乎在同一年，三位探险家看到了南极洲。究竟是谁"发现"了南极大陆，学者们一直争论不休，争论的焦点是"究竟是什么构成了南极洲"。

第一个声称发现南极洲的是威廉·史密斯，他是一艘英国货船的船长，当时正绕过合恩角前往瓦尔帕莱索。为了避开那个地区经常发生的毁灭性风暴，史密斯在德雷克海峡处继续向南航行。1819 年 2 月 19 日黎明时分，他看到了一个高峻、多岩石的岛屿，那是南极洲最北端群岛——南设得兰群岛的一部分，现在该岛以他的名字命名。史密斯靠近观察，发现这片海岸是许多海狗的栖息地，也是捕猎者的潜在"金矿"。他带着这个秘密继续航行到智利，分秒必争地通知了圣地亚哥的英国海军部。海军部征用了他的船，并任命了一位名叫爱德华·布兰斯菲尔德的海军上校为船长。春天一到，他们就航行回到新发现的岛屿。然而，当他们到达那里的时候，却惊讶地发现有另外几艘船已经在穿越岛链了——是捕猎者！威廉·史密斯可能没有泄密，但他的水手们会在港口闲聊八卦，而那些明白原始捕捞场的价值的捕猎者，一听到这个消息就立刻开船赶到。1820 年 2 月 2 日，布兰斯菲尔德船长登陆史密斯岛并宣称该岛属于英国。他继续向南航行，发现了南极大陆北部的特里尼蒂半岛，但并没有在那里登陆。1820 年 11 月 17 日，一名叫纳撒内尔·帕默的美国捕猎者有幸成为第一个踏上南极大陆的人。

另一位船长声称在威廉·史密斯之前看到过南极大陆。大约在同一时间，俄国人法比安·戈特利布·冯·别林斯高晋也正在环绕南极洲航行。和库克一样，他也被俄国政府派往南方探险，并且也曾多次接近陆地，但每次都被浮冰所阻碍。1820 年 1 月 27 日，他发现在南方地平线上有一堵高耸的冰墙。如今，我们知道他当时记录的位置是南极洲最大冰架之一——芬布尔冰架的巨大漂浮末端，即芬布尔里森冰舌附近。他可能见过南极洲的那一部分，但这片贫瘠的冰原并不是他所期望的，这也印证了库克的说法，那里的土地都是毫无价值的。法比安·戈特利布·冯·别林斯高晋曾见过南极洲的冰架——但那是陆地吗？

现在，我们有了四位南极洲发现者的候选人：看到了南极洲外围岛屿的史密斯、看到了南极洲冰架的别林斯高晋、看到了南极大陆的布兰斯菲尔德，还有登上了南极大陆的帕默。我将让你来决定是谁发现了南极洲。

在接下来的20年里，南极海岸丰富的海豹资源和对新捕捞场的探索让人类开拓了大部分海岸线。许多捕猎队队长和探险者穿过浮冰，因此南极大陆周围的海岸线被迅速绘制出来。然而，到了1840年，过度捕猎终于让海豹不复存在，商业利益，即探险的根本原因，也随之消失了。

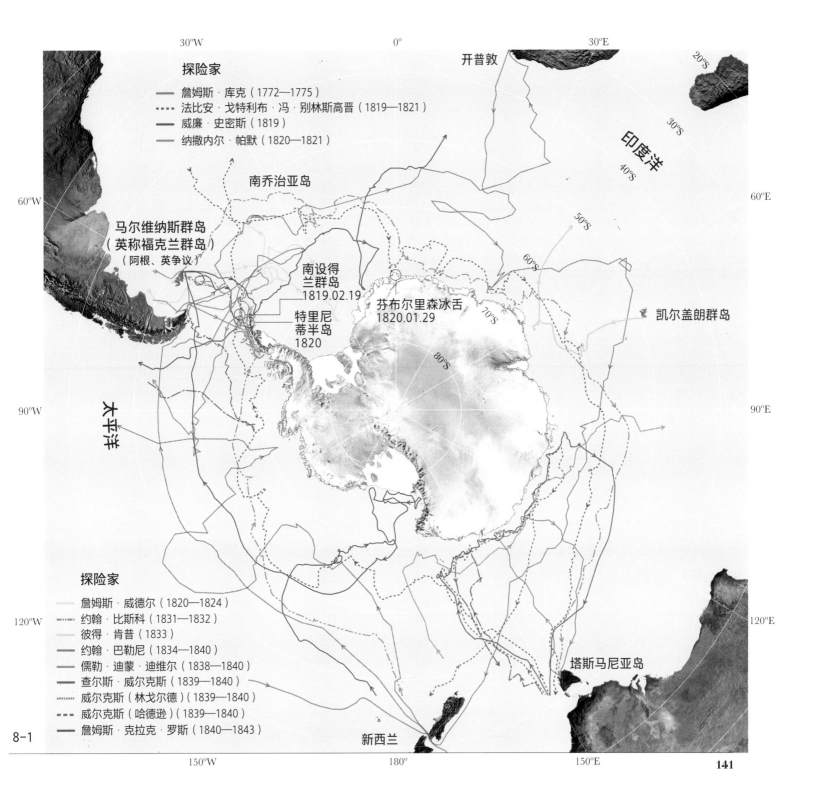

8-1

探险家

- 阿德里安·德热尔拉什（1898—1899）
- 卡斯滕·博尔格雷文克（1898—1900）
- 恩里奇·冯·德里加尔斯基（1902—1903）
- 奥托·努登舍尔德（1902—1903）
- 罗伯特·斯科特（1902—1904）
- 威廉·布鲁斯（1903—1904）
- 让·沙尔科（1908—1910）
- 欧内斯特·沙克尔顿（1908—1909）
- 罗伯特·斯科特（1910—1913）
- 罗尔德·阿蒙森（1910—1912）
- 威廉·菲尔希纳（1911—1912）
- 道格拉斯·莫森（1911—1914）
- 欧内斯特·沙克尔顿（1914—1916）

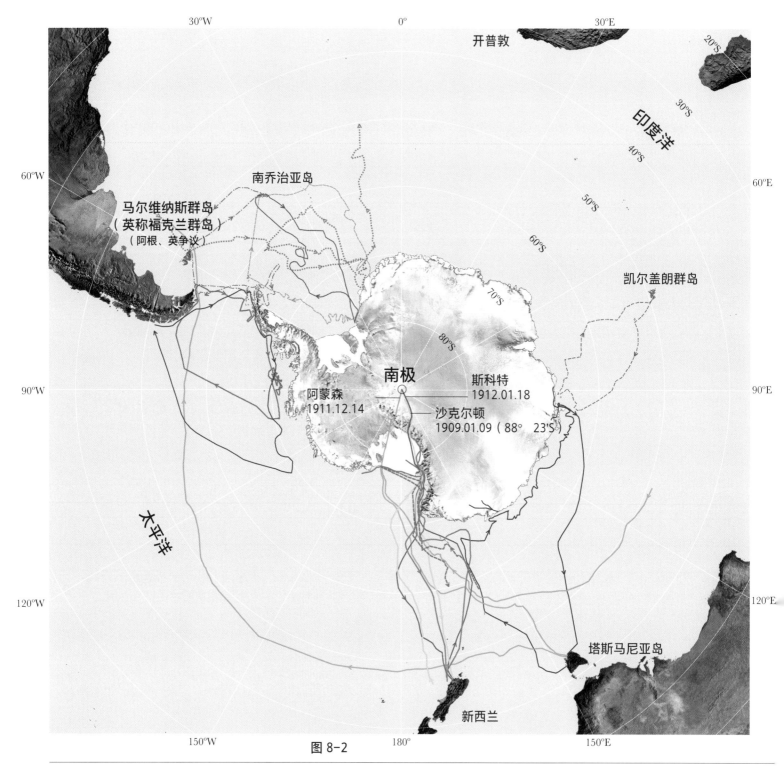

图 8-2

58. 英雄时代

我们现在所知的"英雄探险时代"始于 1895 年。19 世纪中期，人们对南极大陆的探索热情有所减退。直到在伦敦举行的第六届国际地理大会上，人们才重新燃起了对南极洲的兴趣。大会建议对这片冰冻的大陆进行地理和科学探索，并相信这会是人类科研的最前沿领域。

世界各地的探险家纷纷加入这一事业，有些由政府或科学机构资助，有些则是利用个人资金或依靠私人捐款。1898 年，比利时的阿德里安·德热尔拉什被困在南极半岛西部的海冰中，成为第一个在南极越冬的人；而在 1899 年，挪威的卡斯滕·博尔格雷文克首次在东南极洲登陆并越冬。拉森、努登舍尔德（见第 144—147 页）、莫森（见第 156—159 页）和其他人在冰冻大陆的边缘进行探索与发现，与恶劣的环境斗争，但抵达南极点才是最受瞩目的冒险。

在 1902 年至 1903 年的"发现"号远征中，斯科特是第一位尝试这一英勇旅程的人。在罗斯冰架的边缘，他的团队于罗斯岛建立了第一个基地，他们探索该地区并取得了重要的科学发现。斯科特的先遣队找到了一条穿过横贯南极山脉通往极地高原的路线，尝试抵达南极点，但在南纬 82° 以南折返——那里距离南极点还有 800 千米。

欧内斯特·沙克尔顿在 1908 年至 1909 年率领尼姆罗德考察队前往南极洲。他曾是斯科特"发现"号远征的第三队长，得益于之前的经验，他的团队穿越了横贯南极山脉，到达了离极点不到 180 千米的地方。他的探险已非常接近目标，证明南极点是可以抵达的。不久之后，即 1911 年至 1912 年间，著名的斯科特和阿蒙森远征队出发了，这是一方的成功，却是另一方的悲剧（见第 148—151 页）。

人类抵达南极点后，最后的目标就是穿越南极大陆，这也是沙克尔顿率领的英国南极穿越探险队的目标，这支命途多舛的队伍最终在 1916 年史诗般地死里逃生（见第 152—155 页）。这段旅程结束了英雄时代，世界陷入了第一次世界大战的恐怖之中，再一次进行南极探险就是十多年之后了。

59.伟大的逃生

卡尔·安东·拉森是一名挪威捕猎者，也是南极"英雄探险时代"最著名的船长之一。1893年，拉森率领一支探险队沿着南极半岛的东侧行进。那一年的海冰异常薄，拉森驾驶"杰森"号向威德尔海深处航行。他此次探险的发现在日后以他的名字和他的船名来命名，即拉森冰架和杰森半岛。几乎过了一个世纪，才有其他水手在这片水域向南航行如此远。

受到拉森探险经历的鼓舞，瑞典地质学家和探险家奥托·努登舍尔德与拉森签订协议，让拉森将他和他的小团队送到南极洲。他们希望在拉森先前发现的地方进行探索并越冬。

起初，这次旅程很顺利，拉森驾驶"南极"号向南穿过一处冰山密布的海峡——这条海峡现在以这艘船命名，即南极海峡。他们继续前进，直到再也不能穿透冰层，最终将努登舍尔德的六人小队安置在了斯诺希尔岛的北端。拉森的计划是让这些探险者在南极越冬，到南极夏季再去接他们，但回程没能按计划进行。1902年12月，当拉森到达南极海峡时，海面已经被冰堵住了，船只无法通过。拉森知道，他将不得不选择更危险的路线——绕过茹安维尔岛，但如果海冰条件恶劣，他就不能把船开到努登舍尔德在斯诺希尔岛的营地，也就无法营救越冬者。于是在离开南极海峡前，拉森把三个人留在了霍普湾，让他们乘雪橇向南到斯诺希尔岛，然后带着努登舍尔德和他的团队回来。但三人出发不久，一片开阔的水域就挡住了他们的去路。他们灰心丧气，只好回到霍普湾等待船只返回。

与此同时，拉森向东航行，绕过茹安维尔岛，向南航行进入威德尔海。浮冰很厚，船多次被困，最终动弹不得。卡住的船身被冰山压得粉碎，船的裂缝开始进水；几周后，船身破裂，船最终沉没了。船员们带着尽力打捞到的物资，穿过漂浮的海冰，来到最近的陆地——保莱特岛。在那里。他们用一艘救生艇搭建了一间小屋，尝试着熬过冬天。

探险队现在分成三组：3人在霍普湾，19人在保莱特岛，6人在斯诺希尔岛，他们已经意识到自己将不得不面对又一个南极冬季。对于前两组人来说，冬天是可怕的。由于食物很少，他们以捕食企鹅和海豹为生。外界没有人知道他们是否活了下来，也不知道他们的下落，获救的可能性看起来很渺茫。霍普湾的探险分队意识到，他们唯一的生存希望是找到努登舍尔德团队。因为至少家乡的人知道努登舍尔德团队在哪里，知道他们需要救援。到了南极春天，他们再次向南航行，穿过冰层，转向西朝着古斯塔夫王子海峡驶去。

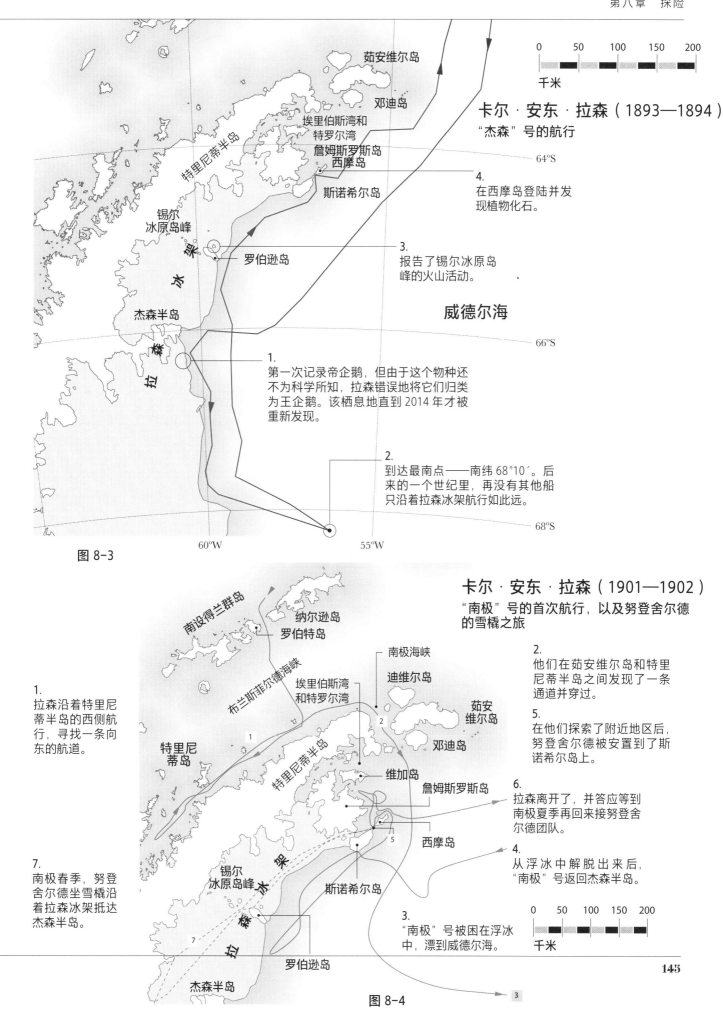

茹安维尔岛

邓迪岛

埃里伯斯湾和
特罗尔湾

詹姆斯罗斯岛
西摩岛

斯诺希尔岛

特里尼蒂半岛

锡尔
冰原岛峰

罗伯逊岛

杰森半岛

拉森冰架

卡尔·安东·拉森（1893—1894）
"杰森"号的航行

4.
在西摩岛登陆并发
现植物化石。

3.
报告了锡尔冰原岛
峰的火山活动。

威德尔海

1.
第一次记录帝企鹅，但由于这个物种还
不为科学所知，拉森错误地将它们归类
为王企鹅。该栖息地直到 2014 年才被
重新发现。

2.
到达最南点——南纬 68°10′。后
来的一个世纪里，再没有其他船
只沿着拉森冰架航行如此远。

64°S
66°S
68°S
60°W　55°W

0　50　100　150　200
千米

图 8-3

南设得兰群岛

纳尔逊岛
罗伯特岛

布兰斯菲尔德海峡

南极海峡

迪维尔岛

茹安
维尔岛

邓迪岛

埃里伯斯湾
和特罗尔湾

特里尼
蒂岛

特里尼蒂半岛

维加岛

詹姆斯罗斯岛

西摩岛

锡尔
冰原岛峰

斯诺希尔岛

拉森冰架

罗伯逊岛

杰森半岛

卡尔·安东·拉森（1901—1902）
"南极"号的首次航行，以及努登舍尔德
的雪橇之旅

2.
他们在茹安维尔岛和特里
尼蒂半岛之间发现了一条
通道并穿过。

5.
在他们探索了附近地区后，
努登舍尔德被安置到了斯
诺希尔岛上。

6.
拉森离开了，并答应等到
南极夏季再回来接努登舍
尔德团队。

4.
从浮冰中解脱出来后，
"南极"号返回杰森半岛。

3.
"南极"号被困在浮冰
中，漂到威德尔海。

1.
拉森沿着特里尼
蒂半岛的西侧航
行，寻找一条向
东的航道。

7.
南极春季，努登
舍尔德坐雪橇沿
着拉森冰架抵达
杰森半岛。

0　50　100　150　200
千米

图 8-4

卡尔·安东·拉森（1902—1903）
"南极"号的最后一次航行

拉森试图绕着茹安维尔岛航行，但他的第一次尝试被海冰阻碍了，所以他再次向西航行。

1.
拉森绘制了南极半岛西北部的海图。

最后，他们找到了一条进入威德尔海的通道。

"南极"号被困在海冰中。

×6.
2月12日，"南极"号沉没。

2.
到达南极海峡后，他们发现自己的路被堵住了。

3.
拉森在霍普湾让三人下船，命令他们"把努登舍尔德带回来"。

4.
"南极"号再次尝试绕过茹安维尔岛。

5.
1月11日，"南极"号被冰山压碎并开始解体。

图 8-5

碰巧的是，努登舍尔德和他团队中的另外两人也决定探索这条海峡。当他们看到远处的三个探险者时，惊讶得误以为他们是巨型企鹅。当努登舍尔德团队靠近并意识到他们看到的是人类时，还以为自己发现了"南极原住民"。想象一下当他们知道这三人是"南极"号船员时有多么惊讶吧，能找到他们是多么幸运啊！

此时在瑞典，一份公开请愿书筹集了救援船的租金。阿根廷则派出"乌拉圭"号穿过南极海峡驶向努登舍尔德所在处。而拉森在保莱特岛过冬后选择了五名同伴，与他一起用剩下的救生艇划船到霍普湾去营救三名被困的同伴。然而，当拉森一行到达他们肮脏小屋的废墟时，才发现那三人已经走了，只留下了一张纸条，说已经出发去找努登舍尔德了。拉森再次转向南方，尝试抵达斯诺希尔岛。

对三组队伍的营救

1.
拉森和船员们乘船以及徒步穿越浮冰，到达保莱特岛。

2.
拉森的船员在保莱特岛越冬，以企鹅为食。

3. ----------
霍普湾三人分队——杜塞湾、安德森和格伦登——在一个石头小屋过冬后，滑雪向南出发寻找努登舍尔德。

4.
1903 年 10 月 12 日，努登舍尔德在冰上偶遇霍普湾三人分队。

5. ——————
1902 年 10 月，拉森和五个同伴划着救生艇去霍普湾，却发现之前在这里下船的三人已经离开了。

6. ——————
1903 年，伊里萨尔船长（Captain Irizar）和"乌拉圭"号的救援航线。

7.
11 月 8 日，来自阿根廷的救援船"乌拉圭"号抵达努登舍尔德的小屋。碰巧那天下午晚些时候拉森也到了。

8.
11 月 8 日，"乌拉圭"号从保莱特岛营救了"南极"号上其他的船员。

图 8-6

威德尔海

0 10 20 30 40 50

千米

　　1903 年 11 月 8 日，"乌拉圭"号救援船抵达斯诺希尔岛，救出了努登舍尔德团队和霍普湾三人分队。奇迹般的是，就在同一天，拉森和他的五人小组也抵达了，他们疯狂滑雪去追赶他们远远看到的那艘船。拉森一行上船后，救援船又向北航行，在返航途中从保莱特岛接回了剩余的船员。尽管困难重重，几乎每个人都获救了，包括船上的猫——除了一名船员，他在保莱特岛越冬时因病死亡。

　　"下一刻，我们听到一阵刺耳的欢呼声，夹杂着'拉森！拉森来了！'"

　　——奥托·努登舍尔德关于 1903 年在斯诺希尔岛越冬探险结束后最终与卡尔·安东·拉森会面的描述

斯科特

阿蒙森

阿蒙森

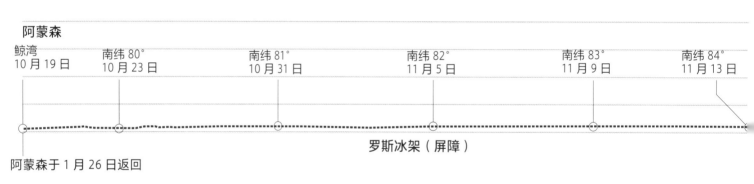

鲸湾	南纬80°	南纬81°	南纬82°	南纬83°	南纬84°
10月19日	10月23日	10月31日	11月5日	11月9日	11月13日

罗斯冰架（屏障）

阿蒙森于1月26日返回

斯科特

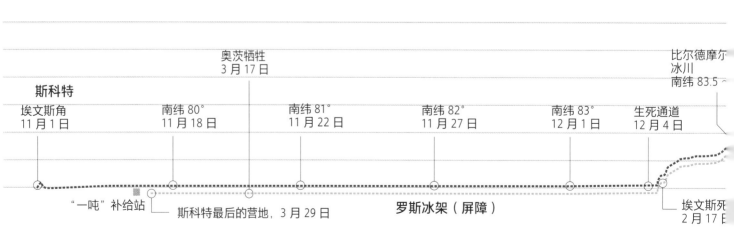

奥茨牺牲
3月17日

比尔德摩尔
冰川
南纬83.5°

埃文斯角	南纬80°	南纬81°	南纬82°	南纬83°	生死通道
11月1日	11月18日	11月22日	11月27日	12月1日	12月4日

"一吨"补给站

斯科特最后的营地，3月29日

罗斯冰架（屏障）

埃文斯死
2月17日

60. 不曾存在的南极探险竞赛

在过去的一个世纪里，阿蒙森和斯科特的南极探险故事一直被人们挂在嘴边。他们的探险旅程常常被描绘成一场竞赛，但事实并非如此。斯科特计划的是一次缓慢的探险行动，以包围式的路线向南纬 90°进发。斯科特曾以君子协定的方式被承诺：他的探险队将是那一季唯一一支挑战南极点的探险队。斯科特并不知道阿蒙森会与他竞争，直到他在越冬前看见了对方的船。阿蒙森最初的目的是到达北极，但在最后一刻他改变了计划。改行南下的阿蒙森冒着失去一切的风险——他的钱、他的生计、他的名誉。就连挪威政府也曾建议他不要去，但这位探险家知道，如果他能打败斯科特成为第一个到达极点的人，这一成就所带来的荣耀足以让世人忘记之前的任何协议。

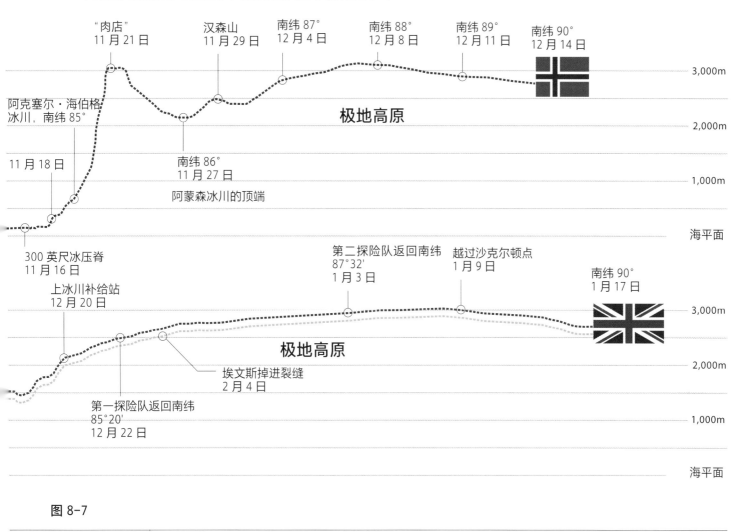

图 8-7

阿蒙森计划轻装上阵，快去快回。他最大的优势之一是对狗有效而无情的利用（他携带了比正常所需多两倍的狗，这样他就可以将多余的狗作为其他狗的食物）。他的路线选择也很关键。阿蒙森正确地推测，从罗斯海东侧的鲸湾出发，去极点的旅程会更短。更重要的是，沿着这条路线，他们在更靠南的地方才会遭遇横贯南极山脉，这意味着穿越寒冷的极地高原的路程将会短得多。为此，他必须找到一条穿过群山的新路线。这是他最大的一次冒险。如果他找不到穿过群山到另一头的高原的通道，他的前途就完了。冬去春来，阿蒙森迫不及待地想开始探险，但9月份的第一次探险因恶劣的天气中止。然而，当阿蒙森最终开始第二次探险时，他仍然比斯科特早出发了整整两周。

另一方面，斯科特并不追求速度，因为他从来没有打算参与南极探险竞赛。他的旅行既是一次科学考察，也是一次探险。他打算攀登比尔德摩尔冰川，这是沙克尔顿之前走过的一条路线。虽然会很慢，但他知道他终会到达极地高原。斯科特不愿使用狗，加上恶劣的天气和沿途的事故等，酿成了这场探险的悲剧结局。

当斯科特到达极点，却发现阿蒙森的挪威国旗已经飘扬在那里。我一直想知道，这件事究竟对他产生了怎样的影响？如果斯科特一行先到南极，他们会平安回来吗？我们永远不会知道。我们唯一知道的是他们在返程途中发生了什么。由于爱德嘉·埃文斯在攀下比尔德摩尔冰川时摔倒，加上劳伦斯·奥茨被冻伤，他们的速度慢了下来，艰难地向海岸进发。祸不单行，由于风暴和反常低温天气，他们耗尽了补给。没有食物和燃料来保暖，仅剩的三个人都死在了帐篷里，而这顶帐篷离原本可以拯救他们的补给站只有11英里（约17.7千米）。

"我们一定要坚持到底。但我们越来越虚弱了，离结局应该不会太远了。这似乎很遗憾，但我没办法再写了。罗伯特·斯科特。……看在上帝的分上，请关照我的同伴们吧。"

——斯科特船长日记中的最后一条记录，写于1912年3月29日

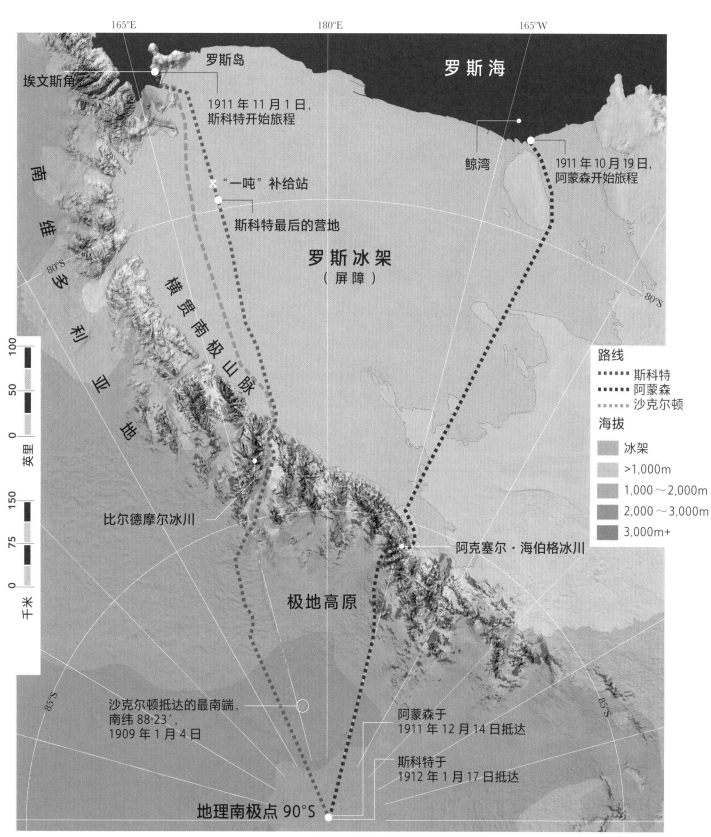

图 8-8

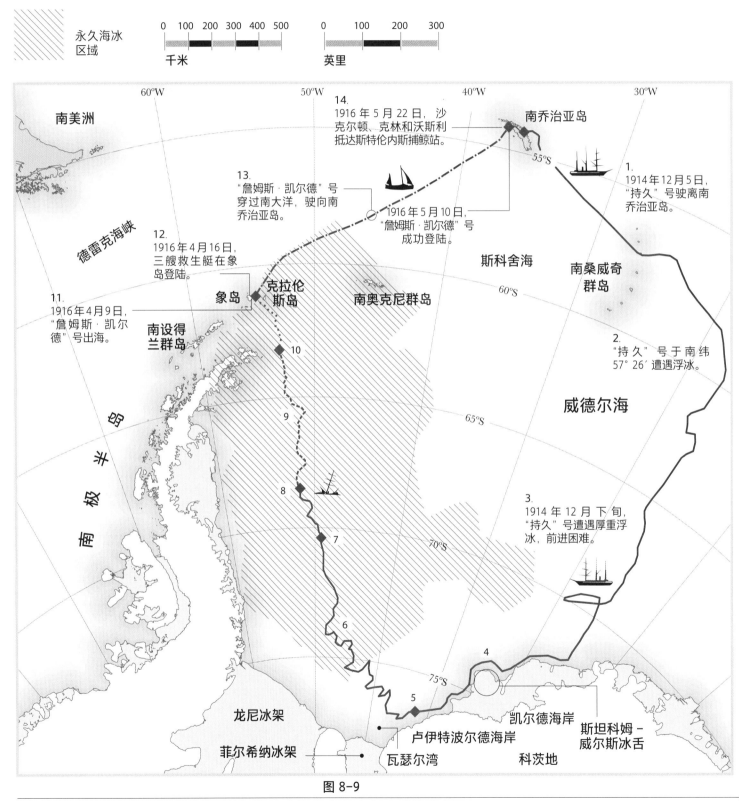

永久海冰
区域

0 100 200 300 400 500
千米

0 100 200 300
英里

60°W

南美洲

德雷克海峡

14.
1916年5月22日，沙克尔顿、克林和沃斯利抵达斯特伦内斯捕鲸站。

南乔治亚岛

55°S

1.
1914年12月5日，"持久"号驶离南乔治亚岛。

13.
"詹姆斯·凯尔德"号穿过南大洋，驶向南乔治亚岛。

1916年5月10日，"詹姆斯·凯尔德"号成功登陆。

斯科舍海

南桑威奇群岛

12.
1916年4月16日，三艘救生艇在象岛登陆。

克拉伦斯岛

南奥克尼群岛

60°S

11.
1916年4月9日，"詹姆斯·凯尔德"号出海。

象岛

南设得兰群岛

10

2.
"持久"号于南纬57°26′遭遇浮冰。

威德尔海

9

65°S

8

3.
1914年12月下旬，"持久"号遭遇厚重浮冰，前进困难。

7

70°S

6

4

75°S

5

龙尼冰架

卢伊特波尔德海岸

凯尔德海岸

斯坦科姆-威尔斯冰舌

菲尔希纳冰架

瓦瑟尔湾

科茨地

南

极

半

岛

图8-9

61.奇迹探险家

在阿蒙森和斯科特分别于1911年和1912年到达极点后，只剩下一个伟大的极地探索任务——穿越南极大陆。欧内斯特·沙克尔顿已经是两次南极探险的老手了，他于1914年12月从南乔治亚岛出发，成为第一个尝试穿越南极的人。然而，南极洲变幻莫测的环境似乎并不希望他顺利达成目标。沙克尔顿的计划是沿着苏格兰探险家威廉·斯皮尔·布鲁斯早些时候绘制的路线，在威德尔海以南的科茨地登陆，但那年海冰特别厚，他的船"持久"号甚至没能到达海岸。1915年1月，由于无法穿过的浮冰，这艘船很快就被绊住并偏离了航线，被困在冰中9个多月。最后在11月21日，受损的"持久"号沉没了，沙克尔顿和他的船员带着船上的救生艇、设备和口粮留在冰上。他们试着在冰面上拖行救生艇，但这在崎岖的地面上并不可行，加之浮冰不断地向北漂移，他们最终决定按兵不动，让洋流把他们带到开阔的海洋。1916年4月9日，浮冰开始破裂，探险队登上三艘小型救生艇。他们划船穿过暴风雪肆虐的布兰斯菲尔德海峡，最终在无人居住的象岛登陆。岛上的条件很糟糕。考虑到没有获救的希望，冬季又快来临，沙克尔顿决定冒险乘船穿越斯科舍海到南乔治亚岛。这意味着，他们需要在世界上最汹涌的海面上，用敞篷的划艇航行1,200千米。而如果他们在浩瀚的南大洋上错过这个小岛，沙克尔顿和他的船员们就会命丧黄泉。

他们改装了他们的救生艇"詹姆斯·凯尔德"号，加装了临时的船篷和桅杆。包括沙克尔顿和船长弗兰克·沃斯利在内的6个人参加了这次航行。这次于4月24日出发、为期16天的航行成了航海界的传奇。他们浑身湿透，忍受着严寒刺骨，遭受飓风的袭击，靠星光和航测，勉强到达了南乔治亚岛。

他们在南乔治亚岛的南海岸登陆，而他们所知道的唯一居住地——斯特伦内斯捕鲸站却在北海岸。为了到达那里，他们必须穿过这个岛——这也是人类还没有完成的壮举。只穿着破衣烂衫的沙克尔顿探险队不得不攀登无人征服过的山脊和冰冠。为了在攀爬时不打滑，他们在已经烂掉的鞋子里装上了从船上打捞上来的螺丝。

地图中的数字

4. 船沿着海岸航行，寻找着陆点。
5. 1915年1月18日，"持久"号被困于冰中。
6. 1915年冬天，"持久"号在海冰中漂流，最终被困。
7. 1915年10月27日，"持久"号船身受损，船被遗弃。
8. 1915年11月21日，"持久"号沉没。
9. 船员们在海冰上向北漂流。
10. 1916年4月9日，海冰裂开，船员们换乘救生艇。

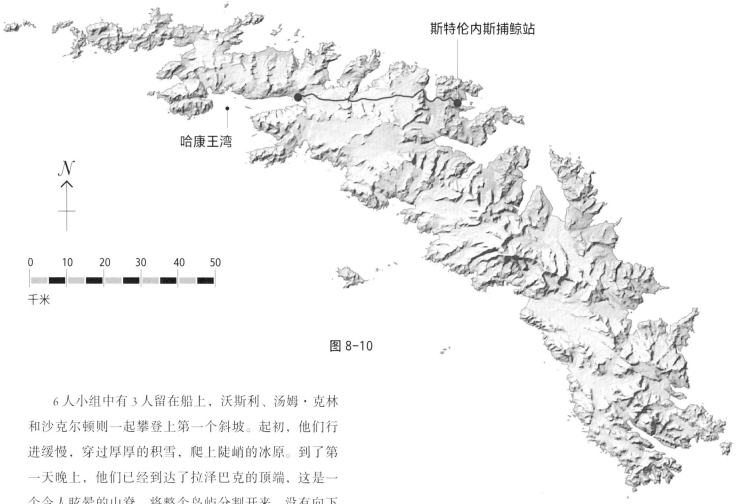

哈康王湾

斯特伦内斯捕鲸站

N

0 10 20 30 40 50

千米

图 8-10

6 人小组中有 3 人留在船上，沃斯利、汤姆·克林和沙克尔顿则一起攀登上第一个斜坡。起初，他们行进缓慢，穿过厚厚的积雪，爬上陡峭的冰原。到了第一天晚上，他们已经到达了拉泽巴克的顶端，这是一个令人眩晕的山脊，将整个岛屿分割开来。没有向下的路，他们被困在顶端。夜色将近，没有睡袋，沙克尔顿不得不做出选择：回去，或者赌上一切。他选择赌一把。他们用绳子将彼此绑在一起，跳下山脊，用绳索滑到了 600 米之下的雪原上。他们精神振奋地坚持了一整夜，尽管有几次他们不得不折回，最终还是于 1916 年 5 月 22 日一起到达了捕鲸站。

经过几次尝试，他们设法营救了留在南乔治亚岛海岸的同伴，然后营救了象岛上的同伴。沙克尔顿做到了不可能的事：从南极洲回来，并把所有人平安带回家。

"在科学探索方面，是斯科特；关于探险旅程的速度和效率，是阿蒙森；但当你处于绝境，看不到出路时，跪下来为沙克尔顿祈祷。"

——探险家雷蒙德·普里斯特利关于"谁是最伟大的南极探险家"的看法

沙克尔顿穿越南乔治亚岛

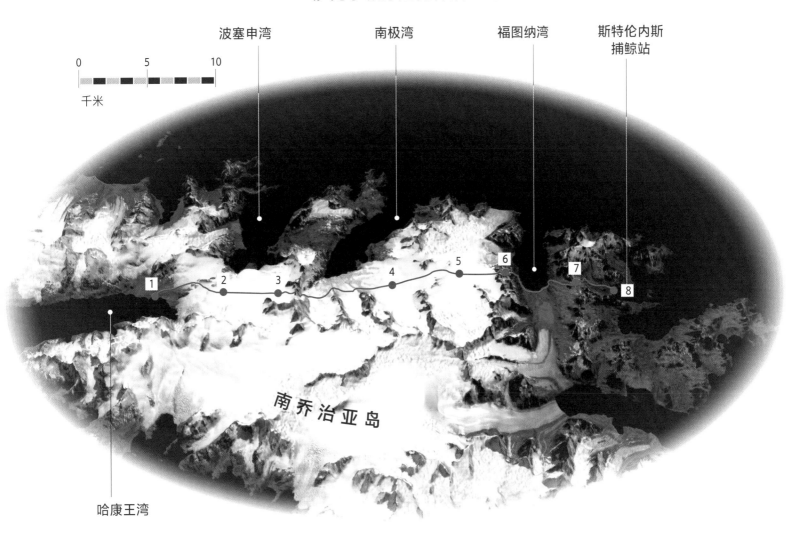

波塞申湾　　南极湾　　福图纳湾　　斯特伦内斯捕鲸站

南乔治亚岛

哈康王湾

1. 沙克尔顿和他的五个同伴在南乔治亚岛南海岸的哈康王湾登陆。其中三人——沙克尔顿、沃斯利和汤姆·克林决定冒险穿越这个岛屿，以到达北海岸的补给站。这是前所未有的尝试。

2. 穿过齐膝深的积雪，探险者们艰难地爬上默里雪原。

3. 经过几次尝试，他们到达了一个分割了岛屿的陡峭山脊——拉泽巴克的顶部，却发现另一侧是一个陡峭的悬崖。他们没有回头，而是相信自己的运气，跳了下去，用盘绕的绳索滑下雪坡，到达下面的平地。

4. 他们因摆脱了悬崖而欢欣鼓舞，并借着月光穿越了1916号冰川（Nineteen Sixteen Glacier）。

5. 他们把福图纳冰川误认为斯特伦内斯湾，并在意识到自己的错误之前继续向东行进。

6. 他们爬下布雷克温德岭（Breakwind Ridge），进入福图纳湾。破晓时分，他们隐约听到远处斯特伦内斯捕鲸站的哨声。

7. 他们越过布森半岛（Busen Peninsula）的山脊，沿着一条狭窄的峡谷向捕鲸站走去。

8. 三人一瘸一拐地走进斯特伦内斯捕鲸站，遇到了难以置信的捕鲸人。在冰上度过了两年后，沙克尔顿和他的船员们终于得救了。

图 8-11

（大图见第158—159页）

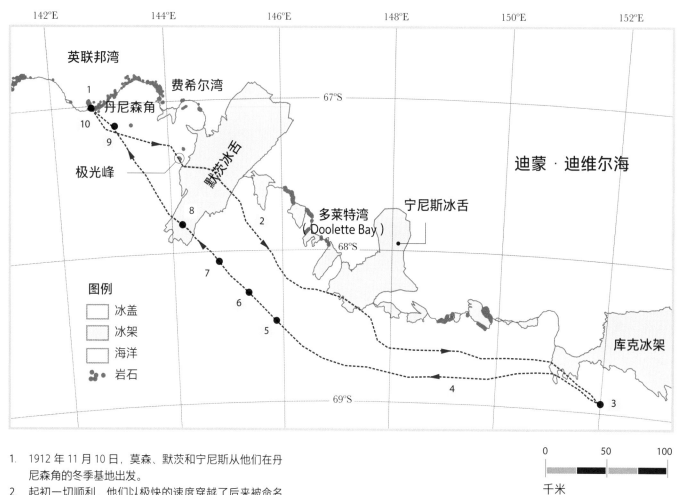

1. 1912年11月10日，莫森、默茨和宁尼斯从他们在丹尼森角的冬季基地出发。
2. 起初一切顺利，他们以极快的速度穿越了后来被命名为默茨和宁尼斯的冰川。
3. 12月12日，宁尼斯掉进一个冰裂缝中失踪。
4. 在失去了大部分装备和狗后，莫森和默茨开始为了生存吃掉他们的狗。
5. 12月28日，他们吃掉了最后一只狗"金吉"。剩下的路他们不得不以人力拖动雪橇。
6. 12月30日，默茨生病。
7. 1913年1月8日，默茨去世。
8. 莫森掉进了一个冰裂缝，但在几次尝试后，他成功爬了出来。
9. 1月19日，莫森发现了团队为他留下的一个食品仓库。
10. 莫森于2月8日返回基地。

图8-12

62. 暴风雪的故乡

想象一下澳大利亚探险家道格拉斯·莫森的处境吧。在一次伟大而可怕旅程中，他在失去了两个伙伴后，筋疲力尽，饥肠辘辘，挣扎着越过最后一道山脊前往他的冬季基地，却看到他的船逐渐消失在海平线。

幸运的是，尽管莫森回归的希望渺茫，他的团队仍留下 4 个人来接应他。虽然莫森不得不在南极地区度过第二个冬天，但他活了下来。糟糕的是，他们越冬的居住地是地球上风力最大的地方。东南极的英联邦湾保持着年平均风速 50 英里 / 小时（约 80 千米 / 小时）的世界最高纪录，冬季风速则经常超过 150 英里 / 小时（约 241 千米 / 小时）——显然不是一个度过黑暗而酷寒的南极冬季的好地方。

直到莫森的最后一次旅行前，他的探险队一直是整个"英雄探险时代"最成功的团队之一。他们绘制了东南极大部分海岸的地图，在两个地方越冬并深入遥远的内陆调查，还首次前往地磁南极。但人们却因莫森最后一次旅行而记住了他。莫森的三人探险小组，包括他自己、泽维尔·默茨和贝尔格雷夫·宁尼斯，为了绘制英联邦湾以东的南极内陆地图而出发。起初，一切都很顺利。就在他们到达远端、即将返回时，灾难降临了。那个载着帐篷和几乎所有的食物的雪橇掉进了一个巨大的冰裂缝中，宁尼斯也在雪橇上，他就此失踪了。

失去了帐篷和食物的莫森和默茨离他们的海岸基地还有数百千米。他们开始往回走，但是食物很快就吃完了，只好靠吃狗肉为生。从最弱的开始，一只一只地吃，直到没有狗了，他们不得不自己拉雪橇。他们都得了重病，因为吃了狗的肝脏而中毒——狗肝脏中有大量维生素 K，这种物质对人类来说是致命的。默茨走不动了，于是莫森用雪橇拉着他，每天只走几千米。但默茨还是因为病情恶化于 1913 年 1 月 8 日在他们临时建造的帐篷中去世。现在莫森只能靠自己了。他拖着雪橇跌跌撞撞地向前走，和宁尼斯一样突然被吞没，从脆弱的雪桥跌落到雪下隐藏着的裂缝中。是雪橇救了他：雪橇因为太大而无法从冰裂缝中掉下去，卡在了深洞顶部。此时的莫森已经筋疲力尽，不过最终，他花了好几个小时，以超人般的毅力爬上了冰裂缝。

似乎只剩下意志力驱使莫森走完了旅程的最后一段。当他离基地越来越近时，他发现了同伴们为他返程留下的粮库。他回来的时间已经比计划晚了几个星期，他的船不见了，他的衣服和身心状态都成了碎片。但他成功回来了，完成了极地探险中真正的英雄壮举。

"极光"号之旅：莫森对东南极的探索

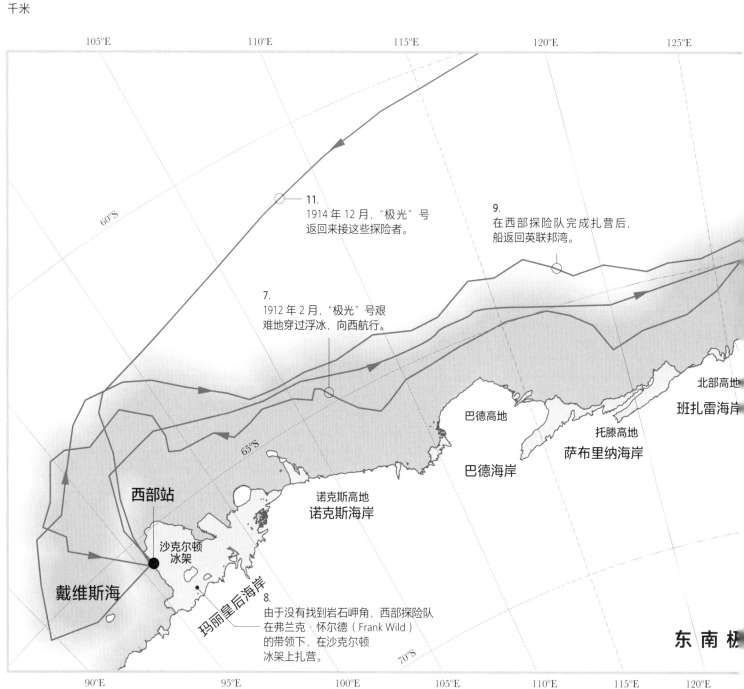

0   100   200   300   400   500

千米

蓝色阴影表示厚浮冰区域

11.
1914年12月，"极光"号返回来接这些探险者。

9.
在西部探险队完成扎营后，船返回英联邦湾。

7.
1912年2月，"极光"号艰难地穿过浮冰，向西航行。

北部高地
班扎雷海岸

巴德高地

托滕高地
萨布里纳海岸

巴德海岸

西部站

诺克斯高地
诺克斯海岸

沙克尔顿冰架

戴维斯海

玛丽皇后海岸

8.
由于没有找到岩石岬角，西部探险队在弗兰克·怀尔德（Frank Wild）的带领下，在沙克尔顿冰架上扎营。

东南极

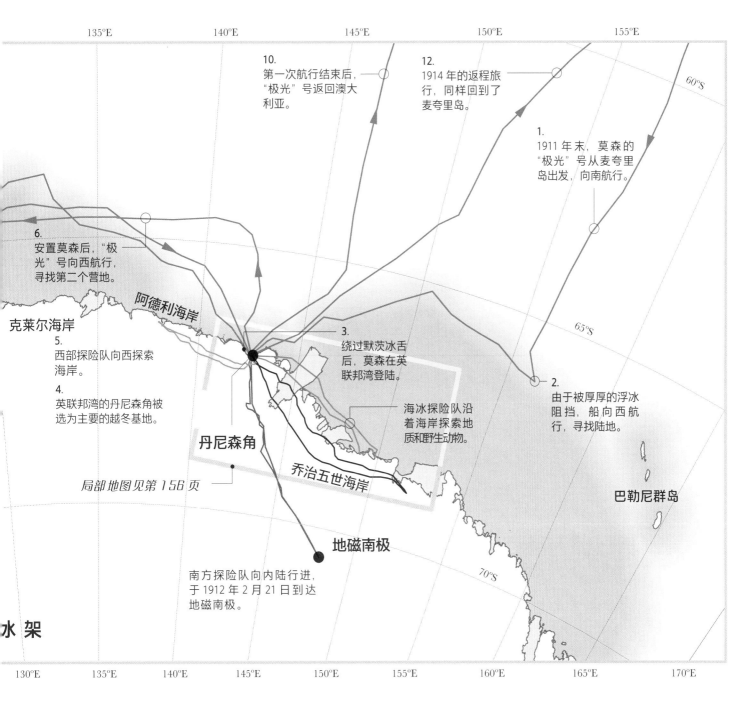

图 8-13

63. 从空中探索南极洲

第一次世界大战结束十年后，人们才真正重新开始南极探险。1928 年，澳大利亚探险家休伯特·威尔金斯在南极洲进行了第一次飞行。威尔金斯飞越了整个南极半岛，这一壮举向世人展示了航空勘测的潜力，为其他探险者铺平了道路。与在地面上相比，飞机的利用使探险者和勘测者能够更快、更安全、更有效地绘制条件严酷的南极内陆地图。美国海军中尉理查德·伊夫林·伯德在不到一年的时间内乘飞机往返南极。1935 年，美国的林肯·埃尔斯沃思[1] 从南极半岛飞越大陆，抵达罗斯海。在这一时期，许多未知的海岸线被绘制出来，而更传统的交通工具，比如雪橇和轮船仍然在使用。雪橇探险仍然很重要，澳大利亚的约翰·雷米尔领导的英国格雷厄姆地探险队就利用雪橇探索了南极半岛的南部，并最终证明它是南极洲大陆的一部分，而并非一些探险家先前推测的岛屿。

然而，20 世纪 30 年代后期，随着国际政治局势紧张加剧，各国政府逐渐主导了南极探险。政府资助了一些重要行动，比如 1938 年的德国南极探险。据称，那时空中调查队在毛德皇后地扔下了数千个铁制的纳粹标志，宣称该地区属于德国。1940 年，美国政府机构资助了伯德的第三次南极探险。绅士探险家的时代似乎已经结束，南极洲正在成为全球权力斗争中的一枚棋子。

---

1 译者注：林肯·埃尔斯沃思是来自美国的极地探险家，也是美国自然历史博物馆的主要赞助人。他做过勘测员、铁路工程师、采矿工程师等。南极洲的埃尔斯沃思地、埃尔斯沃思湖以及埃尔斯沃思山，都是以他的名字命名的。

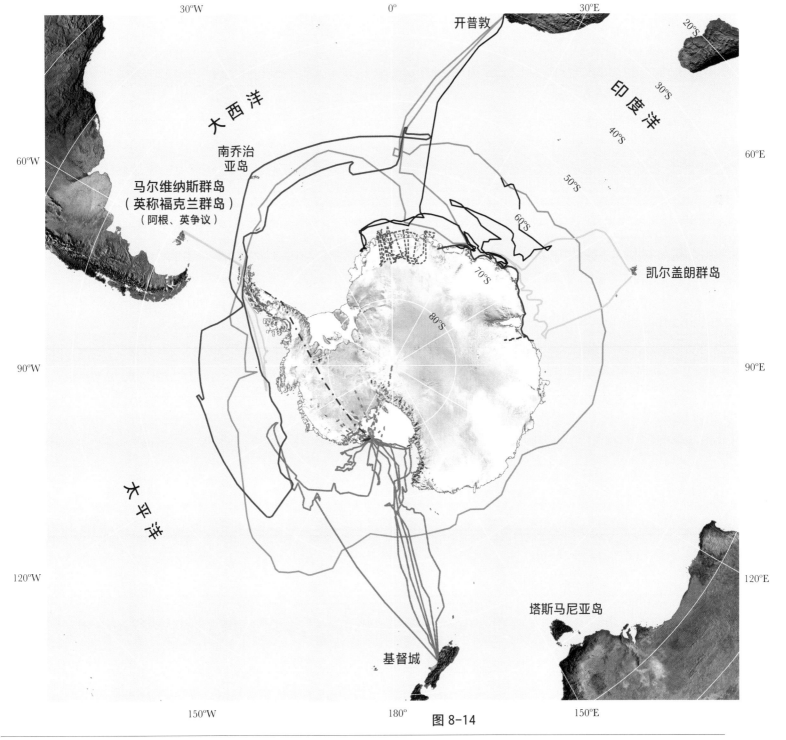

图 8-14

战后的权力游戏

（1944—1958）

探险（飞机）✈   （牵引车）🦿

—— 美国海军行动："跳高行动"
  和"深冻行动"
—— 伯德
—— 龙尼
⋯⋯ 苏联

—— 挪威／英国／瑞典
—— 法国
—— 澳大利亚
—— 英联邦跨南极考察队
■ 基地

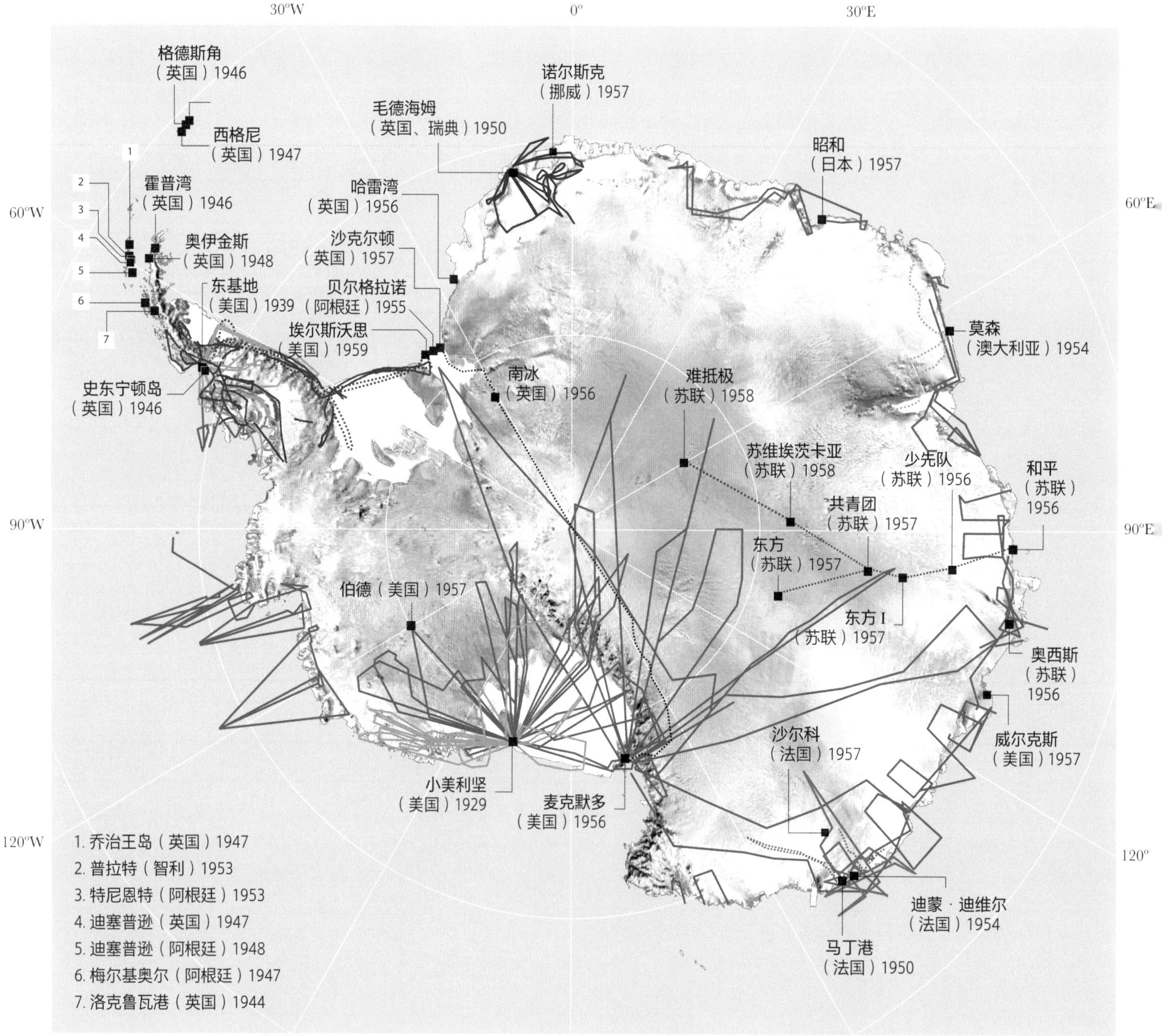

图 8-15

1. 乔治王岛（英国）1947
2. 普拉特（智利）1953
3. 特尼恩特（阿根廷）1953
4. 迪塞普逊（英国）1947
5. 迪塞普逊（阿根廷）1948
6. 梅尔基奥尔（阿根廷）1947
7. 洛克鲁瓦港（英国）1944

64. 战后的权力游戏

第二次世界大战后，美国率先探索了南极大陆的未知地区。在迄今为止规模最大的南极探险——美国领导的"跳高行动"中，极地探险家理查德·伊夫林·伯德负责指挥一支由轮船和飞机组成的大型舰队。1929 年，他们在罗斯冰架上建立了美国的主要基地，称之为"小美利坚"，并从航空母舰"菲利比海"号上起飞。在这次意义重大的南极探险中，伯德共指挥了 14 艘船、6 架直升机、6 艘快艇、20 架小型飞机和 4,700 人。飞机系统地勘测了罗斯海和横贯南极山脉周围的地区，有了许多发现。在航空母舰的支持下，他们能够绘制大部分海岸和距海岸数百英里的内陆地图。20 世纪 50 年代，继"跳高行动"之后，美国再一次开展军事探险行动——"深冻行动"，同样由伯德领导。从 1956 年开始，美国在"深冻行动"中建立了许多永久性基地，包括麦克默多站、鲸湾（小美利坚站附近）和南极站（后改名为阿蒙森－斯科特站）。这次行动进一步深入东南极和西南极，扩展了美国的南极探索的范围。

其他美国人也很活跃。出生于挪威的美国公民芬恩·龙尼在 1946 年至 1947 年期间资助并领导了龙尼南极研究探险队，利用飞机和狗拉雪橇对南极半岛南部和威德尔海进行了测绘和探险。

与此同时，英国人也在南极半岛地区频繁活动。1944 年开始的"塔巴林行动"是一项秘密的战时行动，其任务是建立 12 个永久基地。战后，这些监测站成为"福克兰群岛属地调查"的一部分，这是英国政府的一项行动，旨在落实英国对该地区的领土主张。为了巩固自己的主张，英国在 20 世纪 50 年代勘测并绘制了该地区的大部分地图，先是利用狗拉雪橇，再进行空中勘测项目。其他国家也在用实地军事人员的存在来证明他们对南极的主权，其中包括阿根廷和智利，它们对南极半岛地区的主权主张与英国重叠，也都在 20 世纪 40 年代和 50 年代建立了一些军事基地。紧张局势日益加剧，智利和阿根廷军队甚至一度在南设得兰群岛交火。

另一个战后超级大国——苏联也开始参与进来。从别林斯高晋开始，俄国人就有着悠久的南极探险历史。20 世纪 50 年代中期，他们在东南极洲的普里兹湾附近建立了基地，并利用牵引车深入内陆，在地磁南极和难抵极建立了站点。

在这个时期，南极洲成为各国政府展示其军事实力和统治地位的战场。测绘和勘探已成为寻求南极主权的政治工具。

65. 科学时代

随着 1959 年《南极条约》的签署（见第 120—121 页），南极洲进入了一个新时代。科考站取代了军事基地，国际合作的时代随之而来。南极探索的重点也发生了变化。到 1957—1958 年国际地球物理年活动结束时，人类已经对南极洲的大部分岩石地区进行了勘测——尽管要将成千上万的航拍照转换成可用的地图还需要十年或更长时间。尚未探索的是冰，是占据了 99% 南极大陆的巨大白色荒野。飞机已经飞越过许多冰封的地貌，但科学家感兴趣的东西不在表面，而在冰层之下。20 世纪 50 年代的航空勘测促进了无线电回声测深仪的发明，这是一种可以测量冰层厚度的仪器，它与地震勘测、重力仪和磁力仪共同工作，可以提供数千米冰层下的岩石组成信息。这些新的科学方法被用来制作冰层下的地图或调查隐藏在冰下的地貌。

各个国家的南极计划和大型学术机构发起了大规模地球物理航空勘测活动，开始收集关于冰层厚度和巨大冰盖下地质情况的数据。科学家们有了许多新发现，许多问题也有了答案，比如：有多少冰？冰下的地貌是什么样的？冰层下面的大陆和上面的形状一样吗？南极洲是如何形成的？前面的许多地图（如第 28 页"冰层之下"、第 39 页"隐藏的世界"）的数据都来源于这些勘测活动。

南极洲的地球物理图中仍然存在空白，不过，这些可能是地球上最后一些完全未知的地方也正在被系统地调查。在不久后的将来，南极大陆的地表和地下就会被全部测绘完成。

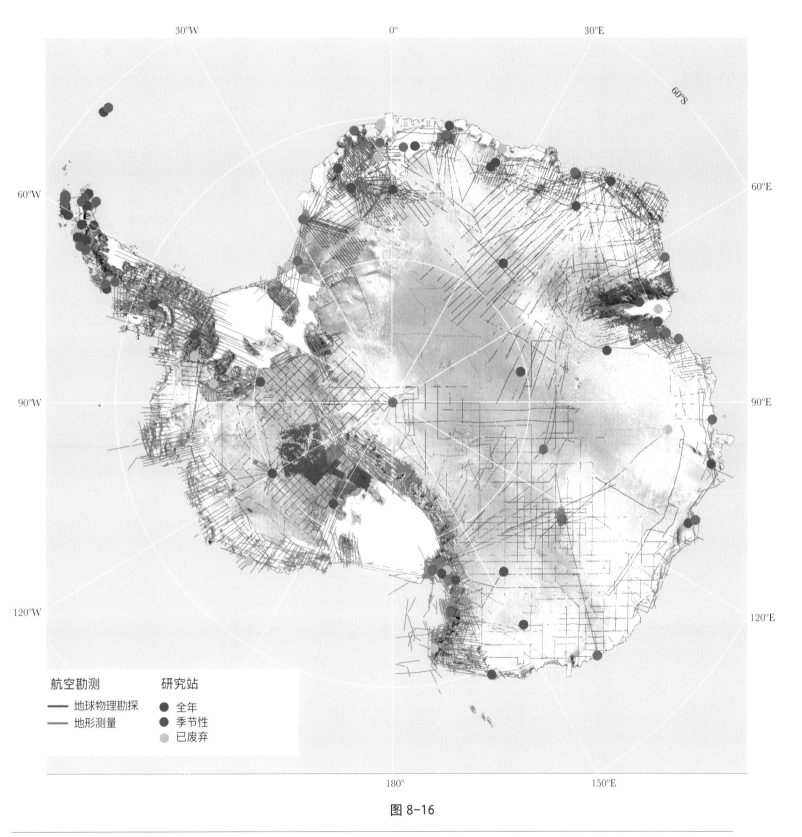

图 8-16

图 8-17

66. 卫星时代

自 20 世纪 50 年代与 60 年代的第一批卫星发射升空以来，卫星就在南极地图绘制方面发挥了重要作用。而在过去的 20 年里，这种作用越来越显著。到今天，大多数对南极大陆的勘测都是通过卫星进行的。

用于拍摄和勘测地球表面的观测卫星的数量之多和范围之广都令人震惊。如今，我们几乎可以从太空中绘制和测量任何东西。对于南极洲的研究者来说，恶劣的环境条件使实地调查工作困难重重，在温暖舒适的办公室里做研究有很多益处，同时也更安全，性价比更高。卫星数据的应用范围是不可思议的，包括统计企鹅数量、监测植被、绘制地质图、观测冰川流动等等。

图 8-17 展示了卫星图像的一些应用。不同的卫星可以生成不同种类的图像，让我们来了解一些。

- **速度图像** 通过观察物体随时间的变化情况，卫星可以测量其移动的速度。这对于测量冰盖的流动速度特别有效。当冰川失去冰时，它通常会加速移动，因此对速度的监测可以起到预警作用，告诉我们哪些冰川正在变化。

- **光学图像** 普通光学卫星就像照相机，它使用肉眼可见的光，呈现出质量极好的冰面图。这种易于理解的图像通常用于绘制背景地图。另外，光学图像的分辨率往往高于其他类型的卫星图像。

- **表面温度图像** 通过监测热辐射，卫星可以跟踪温度的变化，这有利于对冰盖和海冰的研究。

- **积雪厚度图像** 装有微波仪器的卫星可以测量能量脉冲穿透积雪的距离，从而揭示积雪的厚度和最近的积雪情况。

- **海拔高度图像** 包括光学、雷达和激光仪器在内的各种传感器已被用于构建南极大陆的海拔模型，以及监测冰盖高度的变化。

- **海冰浓度图像** 雷达卫星能穿透云层，不间断地监测海冰状况，这是南大洋轮船航行的重要参考。

- **假彩色图像** 通过记录人眼看不见的部分电磁波谱，如红外光，卫星可以识别大量不同的物体。根据波长不同，光谱可被分成不同的波段，而不同的卫星能够记录不同波长的光。我们的眼睛可以感知三种类型的光——红色、蓝色和绿色，但许多卫星可以接收到更多的光。一些"高光谱卫星"可以测量光谱的数百个离散部分。它们生产的假彩色图像可以清晰地表示出各种各样的事物：植被、岩石或企鹅粪便等。

- **表面粗糙度图像** 表面粗糙度由雷达仪器记录。这些数据有多种用途，包括提供关于积雪表面类型和融水量等信息，并监测它们的变化情况。

67. 最具历史意义的地方

在南极洲的所有地方中，罗斯岛一定是最具历史意义的。

这座位于罗斯海南部的冰封岛屿的主体是常年活跃的埃里伯斯火山。在过去的两个世纪里，它是许多探险活动的必经之地，迎接了许多科学家和冒险家，也见证了无数悲剧与胜利。如今，它有着南极最大的人类聚居点——由美国南极项目运营的麦克默多站。几位最著名的南极探险家曾将该岛作为他们的基地，

他们的小屋和手工制品在寒冷干燥的极地空气中保存了下来。但罗斯岛也曾发生过悲剧：1979 年，一架观光客机在刘易斯湾撞上埃里伯斯火山，飞机上的 237 人全部遇难。

图 8-18 标示了罗斯岛上的历史遗迹、两个研究站、企鹅聚居地和山峰的位置。同时，下文将列出一些对罗斯岛的故事有贡献的主要人物。

詹姆斯·克拉克·罗斯上尉
1800—1862

南极洲最著名的水手之一。1839 年至 1842 年间，詹姆斯·克拉克·罗斯对罗斯海和威德尔海进行了勘探并绘制了海图。1841 年，他发现了现在以他的名字命名的岛屿——罗斯岛。罗斯还以他的两艘船的船名命名了著名的埃里伯斯火山和特罗尔山。

罗伯特·福尔肯·斯科特上尉
1868—1912

斯科特是罗斯岛历史上举足轻重的人物。他曾两次抵达罗斯岛，并把它作为自己探险活动的主要基地。

斯科特将该岛屿命名为"罗斯岛"，他和团队攀登并探索了罗斯岛上的山峰，还在海岸线地带建造了许多小屋。

爱德华·威尔逊
1872—1912

威尔逊参与了斯科特的两次探险。他是斯科特的副手，同时也是一位著名的博物学家和艺术家。威尔逊带队进行了"世界上最糟糕的旅行"[1]，他们前往克罗泽角，只为在隆冬找回一枚企鹅蛋。

欧内斯特·沙克尔顿爵士
1874—1922

沙克尔顿参与了斯科特的第一次探险。后来，沙克尔顿回到罗斯岛上，把它作为自己南极探险的基地。

1 编者注：指 1911—1912 年乘坐"史前新纪元"号前往南极洲的探险，该命名来源于阿普斯利·彻里-加勒德所著的南极探险回忆录。

77°30'E

斯科特通讯站
克罗泽角
威尔逊圆顶冰屋

169°E

167°E

罗斯岛

166°E

海冰

坦尼森角

刘易斯湾

刘易斯湾
纪念十字架

特罗尔山
3,230 米

特拉诺瓦山
2,130 米

麦凯角

伯德角

伯德山
1,800 米

埃里伯斯火山
3,794 米

温德利斯湾

罗斯冰架

沃沙施拉格湾

特拉诺瓦探险营地

埃里伯斯冰舌

168°E

图例

☐ 历史遗迹
○ 研究站
🐧 阿德利企鹅栖息地
🐧 帝企鹅栖息地
···· 冰上跑道
--- 海冰边缘
-- 冰架边缘
⌒ 等高线：间隔 500 米

斯科特小屋
和通讯站

观测山十字架
"A" 小屋

珀伽索斯跑道

沙克尔顿小屋

罗伊兹角

发现小屋

斯科特站（新西兰）
纪念牌匾
海军少将伯德半身像
哈特角十字架

埃文斯角

德尔布里
奇群岛

麦克默多站（美国）

海冰跑道

0 5 10   20   30   40

千米

图 8-18

海军少将
理查德·伊夫林·伯德
1888—1957

伯德在南北两极都有长期而卓越的极地探险经历。他率先在南极洲使用飞机，领导绘制南极大陆地图，同时也是第一个飞越南极的人。伯德还建立了麦克默多站。

埃德蒙·希拉里爵士
1919—2008

在希拉里登上珠穆朗玛峰后，他把目光投向了南极洲。1958 年，他作为英国南极穿越探险队的一员，成了第三个到达南极点的人，也是第一个使用机动车到达那里的人。希拉里在为新西兰建立斯科特站上发挥了重要作用。

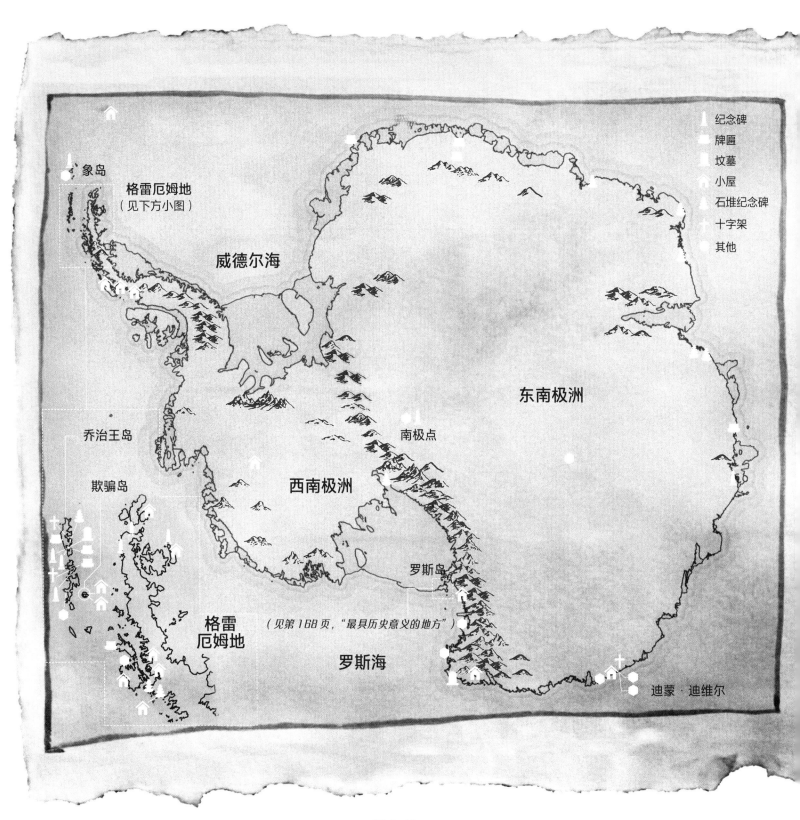

纪念碑
牌匾
坟墓
小屋
石堆纪念碑
十字架
其他

象岛

格雷厄姆地
（见下方小图）

威德尔海

乔治王岛

欺骗岛

格雷
厄姆地

西南极洲

东南极洲

南极点

罗斯岛

（见第168页，"最具历史意义的地方"）

罗斯海

迪蒙·迪维尔

图 8-19

68. 过去的痕迹

人类踏足南极大陆的时间可能只有 200 年，却留下了大量的历史遗迹和纪念碑。许多"英雄探险时代"的探险家和近代探险者在南极大陆的不同地点以纪念碑、匾额和雕像等形式被纪念。在这个地球上环境最严酷的大陆上追求知识的悲剧也以这种方式被铭记。除了这些纪念物之外，南极洲各地还有处于各种修复状态的古老小屋和研究基地的遗迹：有些如罗斯岛上的斯科特小屋，几乎保存完好，仿佛探险者昨天才刚离开；而另一些小屋和建筑，则只剩下地基或摇摇欲坠的废墟。根据《南极条约》，目前有 85 个遗址作为官方历史遗址和纪念碑受到保护。这个数字随着各国提议新的（或偶尔从名单上删去）纪念遗迹而波动。

图 8-19 按类型表示了这些遗址的地理分布。我把不同的遗址分成六类：纪念碑（包括雕像和半身像）、牌匾、小屋、石堆纪念碑、十字架和一个属于杂项的"其他"。这一类别包括各种各样不易归类的事物，如灯塔、沉船、历史性邮筒、牵引车和冰洞。毫不意外的是，这些遗址都以研究站为中心分布，因为那些历史性人物的活动轨迹都集中于研究站。

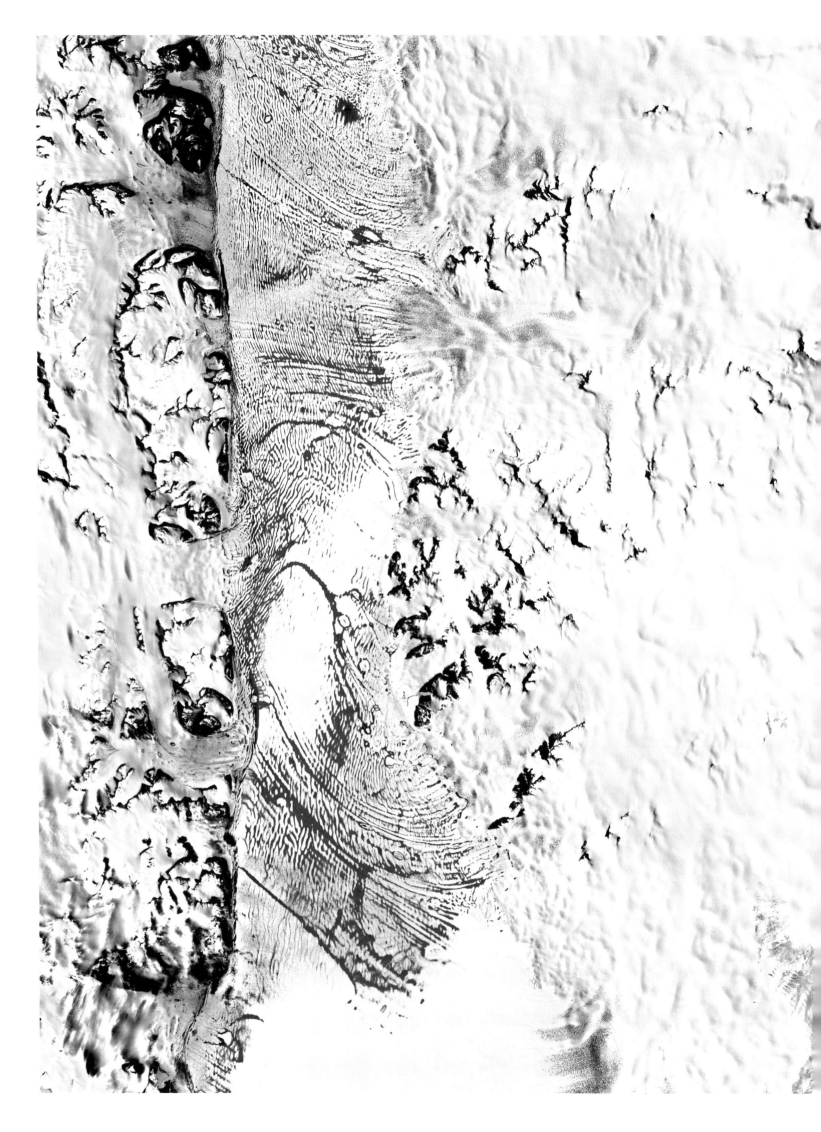

第九章

未来

69. 展望未来

科学家预测，如果地球继续变暖，南极洲将开始融化。精确模拟这种融化需要多长时间，以及哪些地区将首先开始融化，是一项复杂的任务。在有效完成这项工作之前，必须了解各种环境变化过程。本节的这张地图使用了现有的最新模型，来比较南极大陆现在和未来的样子。我们用 2500 年与 2018 年进行比较，可以从图中发现相当多的变化，尤其是在西南极：在那里，超过 70% 的冰会消失，并形成一个全新的海洋，我暂且将它命名为西南极海。靠近海岸的一些较大的山脉会以岛屿的形式继续存在。另一个最重要的变化是大冰架的消亡：罗斯冰架将仅存一部分，龙尼冰架则会完全消失。南极半岛将成为一个岛屿，它的名字还很难预测；埃文斯冰流目前所在地区将成为一道海峡，将南极半岛与南极大陆的其他部分分隔开来。

在东南极，几个海岸将向内收缩，在威尔克斯地和乔治五世地周围形成新的大海湾。总的来说，南极洲的面积将缩小五分之一左右，仅剩 1,100 万平方千米。但在大陆的中心，冰盖中心的极端高度和寒冷将保护它免受气候变暖的影响，那里的冰面将保持不变。在这种情况下，南极洲大约 10% 的冰会消失。再加上世界各地其他冰川的融化，全球海平面将升高约 10 米，淹没伦敦、纽约和东京等许多城市。事实上，如果这种情况发生，世界上人口最多的 10 个城市中，有 8 个将被海水淹没。

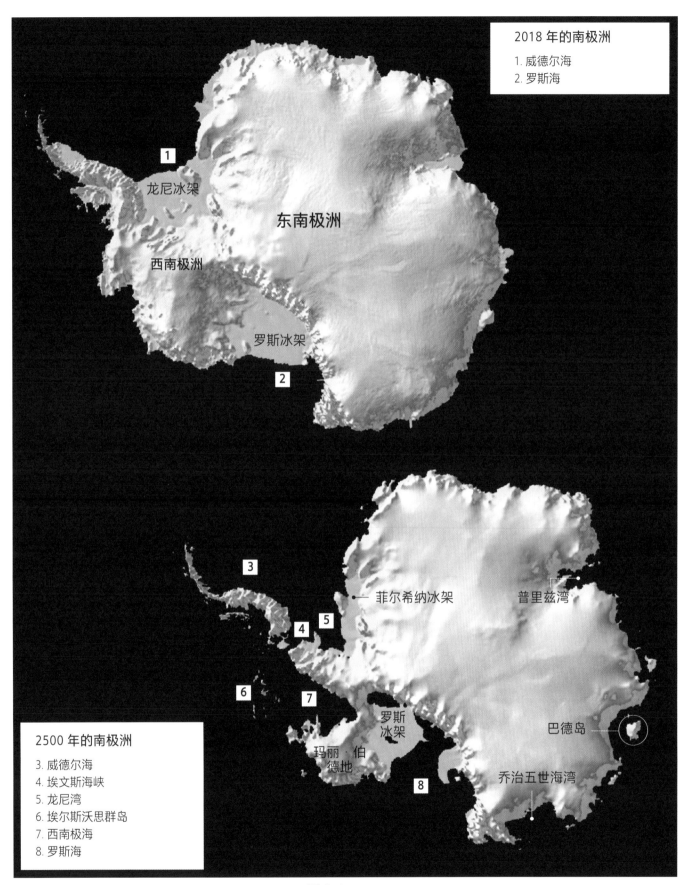

2018 年的南极洲

1. 威德尔海
2. 罗斯海

龙尼冰架

东南极洲

西南极洲

罗斯冰架

2500 年的南极洲

3. 威德尔海
4. 埃文斯海峡
5. 龙尼湾
6. 埃尔斯沃思群岛
7. 西南极海
8. 罗斯海

菲尔希纳冰架

普里兹湾

罗斯冰架

玛丽·伯德地

巴德岛

乔治五世海湾

图 9-1

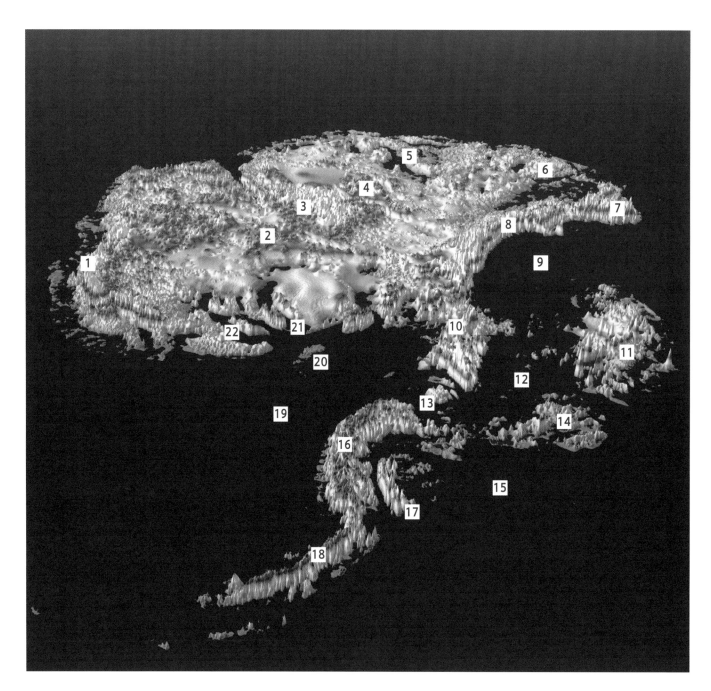

1. 毛德皇后地
2. 兰伯特高地
3. 甘布尔采夫山脉
4. 沃斯托克高地
5. 极光号海
6. 威尔克斯海
7. 维多利亚地
8. 横贯南极山脉
9. 罗斯海
10. 霍利克－凯尼恩半岛
11. 玛丽·伯德地

12. 西南极海
13. 埃文斯海峡
14. 埃尔斯沃思地
15. 别林斯高晋海
16. 帕默地
17. 亚历山大岛
18. 格雷厄姆地
19. 威德尔海
20. 伯克纳岛
21. 里卡弗里峡湾
22. 贝利峡湾

图 9-2

70. 一万年后的南极洲

科学家计算出，如果人类用掉地球上所有已知的煤、石油和天然气，它们释放的温室气体最终将融化南极洲所有的冰。不过，这是否会发生以及需要多长时间都还是未知数。覆盖在这片大陆上的巨大冰层需要数千年才能融化。我们知道，在上一个冰河时期结束时，欧洲和北美的巨大冰盖用了大约一万年才融化，因此我们将把这个时间尺度作为基准，来预测可能发生的事情。

如果南极洲真的完全融化，这块大陆将会大不相同。图 9-2 大略展示了南极大陆可能会成为的样子。

除去冰层后，我们发现下面的基岩不是一个单一的岛屿，而是由东南极以及环绕它的小岛屿组成的群岛。当南极大陆上的冰层消退时，还会发生其他一些事情。首先，海平面会上升。假设格陵兰岛和其他冰川也融化，全球海平面将上升约 66 米，因此大陆和地球上的其他地方实际上将下降 66 米。然而在南极洲，相对于陆地本身的情况，海平面上升的影响会显得微不足道。南极洲上的冰很重——平均来说，每平方千米的冰有将近 2,000 吨重。这种重量压在冰盖下的地壳上，会使陆地低于正常水平。如果冰融化，地面就会"反弹"，冰层最厚处的陆地将抬升到 1 千米高。这意味着近 400 万平方千米的土地（相当于欧盟所有国家的面积）将从海上升起。

这张地图将这些过程考虑在内，展示了一个遥远未来南极洲的假想视图。地图上的名字是从现有的地名演变而来的。

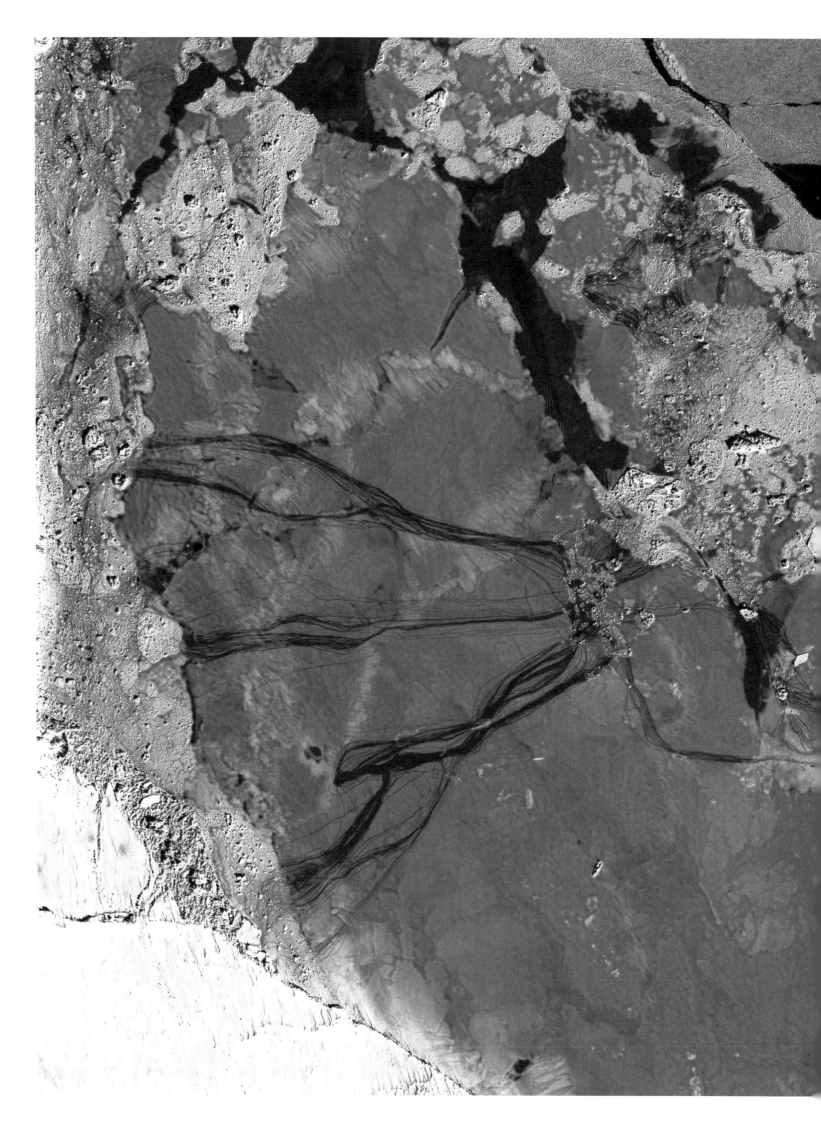

术语表

干旱 Arid
少雨或不下雨的环境；过于干燥或贫瘠而不能生长植物。

气柱 Atmospheric column
一种描述地球大气在不同高度的不同特征的方法。

盆地 Basin
地球表面的圆形或椭圆形山谷或天然洼地，尤指含水的山谷／洼地。

冰山块 Bergy bit
当一块冰破裂并落入水中时形成的小到中等大小的浮冰。一般海拔 1 米至 5 米，长 5 米至 15 米。

生物量／生物质 Biomass
有机体在某一区域的总数量或总重量。

块状冰山 Blocky iceberg
有陡峭垂直侧面的平顶冰山。

砾石地 Boulder pavement
砾石的厚表面，其中较细的颗粒基质已被清除，只留下一块石质面。

冰裂 Calving
从冰山或冰川上分裂出一大块冰，通常伴随着巨大的响声。

离心力 Centrifugal force
沿圆形路径运动并使旋转的物体远离它的旋转中心的力。

克拉通 Craton
构成大陆核心的大而稳定的地壳。

甲壳动物 Crustacean
有硬壳和成对附肢的无脊椎动物，如螃蟹或潮虫。

圆顶冰山 Dome iceberg
圆头状的冰山。

船坞形冰山 Drydock iceberg
中间被侵蚀形成 U 形的冰山。

涡 Eddy
引起小漩涡的水的旋转运动。

海湾 Embayment
海岸线上形成海湾的凹处。

特有种 Endemic species
原产于某一特定地区并仅分布于该地区的物种。

二分点 Equinox
太阳穿过天赤道的时间或日期，此时白天和黑夜的长度相等（大约在 9 月 22 日和 3 月 20 日）。

固定冰 Fast ice
与海岸、岛屿或海底部分冻结在一起的冰。

粒雪 Firn
冰晶状或粒状雪，尤指冰川上部尚未被压缩成冰的雪。

食物网 Food web

紧密联系、相互依赖的食物链系统。

冰针 / 水内冰 Frazil ice

微小的针状冰晶，直径 3 到 4 毫米，悬浮在海水表层，是海冰生长的第一阶段。

地理南极点 Geographic South Pole

世界的尽头；地球自转的轴。

地质学家 Geologist

研究岩石的专家。

地球物理学家 Geophysicist

用物理学的原理和方法研究固体地球、海洋、大气、近地空间环境的运动物理状态、物质组成、作用力和各种物理过程的人。

冰川冰 Glacial ice

厚厚的积雪逐渐压缩成冰川的冰。在南极洲，可能需要数百年甚至数千年的时间才能积累足够的雪来形成冰。

冈瓦纳古陆 Gondwana land

大约在 1.8 亿年前解体的古老超级大陆。它分裂成我们今天所认识的大陆块。

油脂状冰 Grease ice

由冰针凝结而成；视觉上类似于水面上的浮油。

冰岩 Growler

小块浮冰，仅高出水面 1 米左右。

流涡 Gyre

海洋中大中尺度的海水闭合环流。

深海热泉 Hydrothermal vent

海底的火山裂缝，富含矿物质的热水从这里涌出。

极度干旱 Hyper-aridity

用来形容极度干燥的地区。

超盐性的 Hyper-saline

用来形容盐浓度比海水高得多的恶劣环境。只有具有极端适应能力的生物才能忍受这种环境。

冰芯 Ice core

从冰盖或冰川中钻取的冰柱。长度可达 3 千米。

冰架 Ice shelf

漂浮的冰川冰，通常有几百米厚，从大陆向海洋延伸（但仍然接地）。

陆冰 Land ice

陆地上的冰盖，包括高山冰川和覆盖格陵兰岛及南极洲的冰盖。

清沟 Lead

在厚重的海冰中的航道。

中止 Moratorium

暂时禁止某项活动。

冰原岛峰 Nunatak

从冰盖中突出来的裸露岩石部分。

臭氧 Ozone

氧的一种同位素（O_3），通常以气体形式存在。

浮冰群 Pack ice

破碎的海冰群。在部分冰冻的海之间有开阔水域，这些水域中的浮冰可能很重。

莲叶冰 Pancake ice

直径在 30 厘米到 3 米之间的漂浮圆形冰块，厚度可达 10 厘米。当它们碰撞在一起时，边缘会因为相互挤压而翘起。

泛大陆 Pangaea

大陆漂移说认为，晚古生代时期全球所有大陆连成一体的超级大陆。中生代以来逐步解体形成现今的大陆、大洋。

毛皮 Pelt
动物的皮，通常是毛皮。

浮游植物 Phytoplankton
在海洋中进行光合作用的微小漂浮植物，通常是单细胞生物。

尖塔形冰山 Pinnacle iceberg
有一个或多个尖顶的冰山。

极峰 Polar front
寒冷的极地水与温暖的亚热带水交汇的地区。这里有一个辐合区，寒冷的南极海水下沉到温暖的亚南极海水之下。

极涡 Polar vortex
位于地球两极附近的高海拔、低气压区域，在北极逆时针旋转（气旋），在南极顺时针旋转。

冰间湖 Polynya
被冰包围的开阔水域。

无线电回声探测 Radio-echo sounding
冰川学家利用无线电波测量冰层内部结构、厚度、冰块大小和形状的一种技术。

盐水 Saline
咸味液体。

海山 Sea mount
被海水淹没的山。

海蚀柱 Sea stack
悬崖被侵蚀后留下的从海中升起的陡峭石柱。

海底高原 Seabed plateau
深海底部的大范围高地，通常高出周围海底 2 千米到 3 千米，边缘陡峭倾斜。

声呐 Sonar
一种利用声波测量水中距离的技术，在本书中指的是测量轮船下方的水深。

扩张脊 Spreading ridge
沿着海底的断裂带，熔融的地幔物质从这里到达地表，从而形成新的地壳。

事务管理 Stewardship
监督或管理某物（如组织或财产）的工作。

平流层 Stratosphere
地球大气层的第二大层，位于对流层之上，中间层之下。在靠近两极的区域，它开始于大约 7 千米的高度。

层状火山 Stratovolcano
典型的圆锥形火山，由熔岩和火山灰的交替层构成。

俯冲 Subducting
板块构造中的一个过程，即一个地壳板块的边缘下降到另一个地壳板块的边缘之下。

俯冲带 Subduction zone
一个构造板块俯冲到另一个板块之下的构造带。

冰下的 Subglacial
用来形容位于冰川或冰盖下的区域。

冰下槽 Subglacial trough
冰川或冰盖下形成的通道或槽。

平顶冰山 Tabular iceberg
顶部平坦的陡峭冰山，通常由冰架崩解而形成，是最大的冰山类型。

构造板块 Tectonic plate
形成地壳的一大块移动的岩石。构造板块不断移动，当它们碰撞时，就会产生山脉、地震和火山。

热盐环流 Thermohaline circulation
一股在全球范围内流动的巨大水流，从北部海洋抵达南部海洋，然后再返回。温暖的海水下沉，寒冷、营养丰富的海水上涌。

横贯南极山脉 Trans-Antarctic Mountains

横贯南极洲的山脉，将南极洲分为东西两部分。最高峰是柯克帕特里克山，海拔 4,528 米。

横向断层 Transverse fault

当一块岩石断裂，两块岩石相向滑动时产生的断层。运动主要是水平的。

涡轮螺旋桨飞机 Turbo-prop aeroplane

用涡轮喷气发动机驱动外部螺旋桨的飞机。

涡旋 Vortex

一团旋转的水或空气。

水柱 Water column

用来表示在不同深度的海水中发现的不同特征。

楔形冰山 Wedge iceberg

顶部变窄、呈金字塔形状的冰山。

白冰 White ice

粗糙、粒状、多孔的冰（如冰川中的冰），通常由雪压实形成，呈白色。

致 谢

我非常幸运能和世界上最优秀的科学家以及在极地问题、历史和政治方面知识最渊博的学者们一起工作。他们中的许多人都为本书的数据收集、研究和校对工作提供了帮助，我要感谢他们所有人，没有他们，这本书就不可能完成。

我要特别感谢我的妻子丽莎，感谢她的耐心、敏锐的眼光和独到的建议，本书中许多富有艺术性的附图都出自她手。我要特别感谢我在英国南极调查局的几位同事，他们校对了不少章节：大卫·沃恩（David Vaughan）校对了第二章"冰"；迈克·梅雷迪思（Mike Meredith）校对了第五章"海洋"；阿德里安·福克斯（Adrian Fox）校对了第八章"探险"；凯文·休斯（Kevin Hughes）则对第七章"人"中一些政治上比较敏感的地图的措辞提出了建议。

许多科学家协助绘制了各个地图，其中一些科学家来自英国南极调查局。（以下提到的人中，没有标明所属机构的均来自英国南极调查局。）

加雷思·里斯（Gareth Rees）与我在斯科特极地研究所共事多年，他计算了"极夜、极昼、昼夜交替"地图上的数据。蒂尔·赖利（Teal Riley）和亚历克斯·伯顿–约翰逊（Alex Burton Johnson）为地质背景图出谋划策。西澳大利亚大学的艾伦·艾特肯（Alan Aitken）提供了南极洲地质地图项目的数据。没有汤姆·乔丹（Tom Jordan）的帮助，南极地图的制作是不可能完成的，他教我使用 Geoplates 软件，并就地

图本身提供建议。莱斯特大学的约翰·斯梅利（John Smellie）和罗布·拉特（Rob Larter）在南极火山研究方面提供了帮助和建议，罗布在绘制地震海洋地图的过程中也帮了很大的忙：既提供了建议，也计算了地震的数据。凯文·休斯和皮特·康威（Pete Convey）对"外来物种入侵"地图提供建议。

关于"大气"这一章，我的知识还很贫乏，我非常感谢约翰·金（John King）在绘制什么地图、与谁交流以及在极涡地图方面给我的建议。汤姆·布雷斯格德尔（Tom Bracegirdle）提供了有关温度项目的新数据，史蒂夫·科尔韦尔（Steve Colwell）和保罗·布林（Paul Breen）帮我收集臭氧层空洞的数据。1984 年发现臭氧层空洞的科学家之一——乔恩·尚克林（Jon Shanklin）检查了关于臭氧层空洞的地图并添加了文字。

迈克·梅雷迪思在"海洋"一章向我提供了极大的帮助。他为洋流地图提供了建议，并推荐我向戴夫·芒迪（Dave Munday）请教。芒迪从他的海洋学模型中提取了未公布的数据，绘制出了海洋的复杂性，并将这些数据纳入了关于海洋能源的地图中。来自普林斯顿大学的托马斯·弗莱切尔（Thomas Frölicher）最近发表的研究成果为"地球之肺"地图提供了相关数据。

第六章"野生动物"的完成，离不开多年来与我密切合作的几位同事的帮助。菲尔·特拉塞（Phil Trathan）和珍·杰克逊（Jen Jackson）提供的国际捕鲸

委员会的数据被用于"血红色的大海"；伊恩·斯塔尼兰（Iain Staniland）为"海豹的旅行"提供了建议；理查德·菲利普（Richard Phillips）和亨利·威默斯基奇（Henri Weimerskirche）提供了"伟大的流浪者——漂泊信天翁"地图中漂泊信天翁的足迹。我们的绘图师杰米·奥利弗（Jamie Oliver）非常友好地让我使用他的企鹅系列图片。我希望最终版本无愧于你的原画，杰米。

参考文献，数据来源，更多阅读

关于南极，有不少极佳的书目。我在过去二十年中阅读并吸收了不少，可惜这份清单太长，不能在这里全部列出。接下来你将看到的是本书地图的数据来源，以及被这些地图惊艳到的你可能会感兴趣的书目。

- **综合数据来源**

书中地图的南极洲海岸线和地形数据取自南极数字数据库：https://www.add.scar.org/。

（英文）地名取自南极地名委员会的网站：https://apc.antarctica.ac.uk/，南极洲综合地名词典：https://www.scar.org/data-products/place-names/、https://data.aad.gov.au/aadc/gaz/scar/。

其他数据来源：*The Times Comprehensive Atlas of the World* (14th edn), Open Streetmap, maps by the British Antarctic Survey, such as BAS Miscellaneous Series Sheets 15A and 15B Antarctica and the Arctic and BAS Miscellaneous Series Sheets 13A and 13B Antarctic Peninsula and the Weddell Sea and Graham Land and the South Shetland Islands. Another widely used layer utilized for almost all maps of the seabed was the General Bathymetric Chart of the Oceans (2014) and the selection of USGS 1:200,000 and other maps available from the Polar Geospatial Center: https://www.pgc.umn.edu/data/maps/。

- **具体数据来源**

关于冰层厚度：Data taken from Bedmap2: P. T. Fretwell, H. D. Pritchard et al. (2013), *Cryosphere*, 7, 375–93, 2013; https://doi.org/10.5194/tc-7-375-2013。

关于速度：Data taken from The Measures project: E. Rignot, J. Mouginot, B. Scheuchl (2011), *Science*, 333 (6048); doi: 10.1126/science.1208336。

"变化的世界"：Data for sea-ice change taken from S. Stammerjohn, R. Massom, D. Rind and D. Martinson (2012), 'Regions of rapid sea ice change: An inter - hemispheric seasonal comparison', *Geophysical Research Letters,* 39 (6); https://doi.org/10.1029/2012GL050874。

冰架高度变化：Data taken from M. McMillan, A. Shepherd et al. (2014), 'Increased ice losses from Antarctica detected by CryoSat - 2', *Geophysical Research Letters*, 41 (11); https://doi.org/10.1002/2014GL060111。

"溺水的海岸"：Data used to construct seamless highresolution regional elevation models was Aster GDEM available from the USGS Earth Explorer portal: https://earthexplorer.usgs.gov/; the global elevation model was the ETOPO1 dataset: https://www.ngdc.noaa.gov/mgg/global/global.html.

"冰盖的剖析"：Data taken from Bedmap2: P. T. Fretwell and H. D. Pritchard et al. (2013), *Cryosphere*, 7, 375–3, 2013; https://doi.org/10.5194/tc-7-375-2013。

"冰层之下"：Map interpreted from Bedmap2 and S. J. Clark et al. (2013), 'Potential subglacial lake locations and meltwater drainage pathways beneath the Antarctic and Greenland ice sheets', *Cryosphere*, 7, doi: 10.5194/tc-7-1721-2013。

"南极时光机"：Information taken from various sources online。

"逐渐萎缩的冰架"：Data taken from the Antarctic Digital database and A. J. Cook and D. V. Vaughan (2010), 'Overview of areal changes of the ice shelves on the Antarctic Peninsula over the past 50 years', *Cryosphere*, 4; www.the-cryosphere.net/4/77/2010/。

地质情况：Map interpreted from G. E. Grikrov and G. Leychenkov, Tectonic map of Antarctica (2012), CCGM-CGMW, with the help of Alex Burton-Johnson and Teal Riley of British Antarctic Survey

"隐藏的世界"：Information from a merging of M. Morlighem (2019) MEaSUREs BedMachine Antarctica, Version 1, http//doi.org/10.5067/C2G-FER6PTOS4, and modelled data currently under review: P. T. Fretwell et al. (submitted), 'Improved ice sheet bed topography from satellite images'。

"南极洲的形成"：Constructed using Geoplates software and data with the help of Tom Jordan from British Antarctic Survey。

"火山"：Information taken from W. E. LeMasurier et al. (1990) *Volcanoes of the Antarctic PlateIslands and Southern Oceans*, Washington, DC, American Geophysical Union, 487 pp.; https://doi.org/10.1029/AR048。

"震动的海洋"：Earthquake data derived from http://www.isc.ac.uk/ehbbulletin/ and E. R Engdahl, et al. (1998), 'Global teleseismic earthquake relocation with improved travel times and procedures for depth determination', *Bulletin of the Seismological Society of America* 88, 72–43.Coasts and bathymetry from GEBCO 2014. Geological information derived from various sources, including BAS Tectonic map of the Scotia Arc, updated with advice from R. Larter。

"地球上最干燥的地方"：Elevation and contours constructed from Aster GDEM data available from the USGS Earth Explorer portal: https://earthexplorer.usgs.gov/. Other topographic information from the Antarctic Digital database. Additional details taken from a range of online sources, including the PGC map Protecting Antarctica's McMurdo Dry Valleys (2011), ANT REF-ES2004-003, available from http://maps.apps.pgc.umn.edu/id/133。

"外来物种入侵"：Plotted from information gathered from Y. Frenot et al. (2005), 'Biological invasions in the Antarctic: extent, impacts and implications', and S. L. Chown and P. Convey (2016), *Antarctic Entomology: Annual Review of Entomology*, 61, and P. Convey and M. Lebouvier (2009), 'Environmental change and human impacts on terrestrial ecosystems of the Sub-Antarctic islands between their discovery and the mid-twentieth century', *Procedures of the Royal Society of Tasmania*, 143 (1)。

关于山脉：Elevation models, hill shading and contours constructed from Aster GDEM available from the USGS Earth Explorer portal: https://earthexplorer.usgs.gov/。

"别忘了你的保暖衣"：Wind vectors and temperature ramp made from the RACMO climate model of Antarctica: https://www.projects.science.uu.nl/iceclimate/models/racmo.php。

"臭氧层空洞"：Map data taken from NASA Ozone Watch: https://ozonewatch.gsfc.nasa.gov/ Ozone spiral data taken from BAS internal records。

"未来在我们手中"：Data kindly provided by T. Bracegirdle from the Antclim21 projects; see https://www.scar.org/science/antclim21/data-surface-projections/。

"暴风雨天气"：Images taken from the NASA EOSDIS WorldView portal: https://worldview.earthdata.nasa.gov/。

"极涡"：Elevation models used to construct the map were taken from the Bedmap2 database。

"南大洋"：Bathymetry data taken from GEBCO 2014: https://www.gebco.net/data_and_products/gridded_bathymetry_data/。

"岛屿"：Imagery is Landsat8 taken from the Earth Explorer website: https://earthexplorer.usgs.gov/; coastlines are from the Antarctic Digital Database。

"洋流"：The line of currents have been drawn from Y. S. Kim and A. H. Orsi (2014), 'On the variability of Antarctic Circumpolar Current fronts inferred from 1992–2011 Altimetry', *Journal of Physical Oceanography*, 44; https://doi.org/10.1175/JPO-D-13-0217.1。

"海洋漩涡"：Map constructed from a new data-driven model by David Munday of British Antarctic Survey。

"地球上最大的季节性变化""海洋的引擎"：Schematic map drawn from J. Marshall and K. Speer (2011), 'Closure of the meridional overturning circulation through Southern Ocean upwelling', with additional help from Mike Meredith。

"冰山的一生"：Iceberg tracks downloaded from the Antarctic Iceberg Tracking database: http://www.scp.byu.edu/data/iceberg/ by J. Budge and D. G. Long。

"绿色的海洋"：Chlorophyll data taken from the NASA MODIS portal using chlorophyll-a concentration data at: https://modis.gsfc.nasa.gov/data/dataprod/chlor_a.php. Information on the phytoplankton was from *Antarctic Marine Protists* by F. J. Scott and H. J. Marchant (eds.), 2005. Illustrations drawn by Peter and Lisa Fretwell。

"地球之肺"：Data from T. L. Fröchler et al. (2014), 'Dominance of the Southern Ocean in anthropogenic carbon and heat uptake in CMIP5 Models', *Journal of Climate*, 28; https://doi.org/10.1175/JCLI-D-14-00117.1。

"至关重要的磷虾"：Krill data from the KrillBase database, with kind permission of Angus Atkinson. The food web infographic was constructed from various sources. Hand drawn illustrations by Lisa Fretwell。

"融化的'帝国'"：Information to construct this map was taken from the supplemental material of S. Jenouvrier et al. (2017), 'Infuence of dispersal processes on the global dynamics of Emperor penguin, a species threatened by climate change', *Biological Conservation*, 212。

"企鹅的海洋"：Distribution information taken from the IUCN AND Birdlife international datazone: http://datazone.birdlife.org/home/。

"海豹的旅行"：The marine mammal data were collected and made freely available by the International MEOP Consortium and the national programmes that contribute to it (http://www.meop.net), using the QGIS3 database。

"血红色的大海"：Whale catch data are from the IWC database。

"伟大的流浪者——漂泊信天翁"：Albatross tracks kindly provided by H. Wiemerskirch and R. Phillips. Hand drawn illustration by Lisa Fretwell。

"地球上最富饶的地方"：Information has be derived from the South Georgia GIS; https://www.bas.ac.uk/projcct/sg-gis/; additional locations of king penguin colonies are from personal information given by Sally Poncet, Phil Trathan and Norman Ratclife.。

"去南极洲"：Plotted using information from the COMNAP website: https://www.comnap.aq/SitePages/Home.aspx; and from various BAS and internet sources。

"谁居住在南极洲？"：Figures used to construct this infographic were taken from the COMNAP Antarctic Station Catalogue 2017: https://www.comnap.aq/Members/Shared%20Documents/COMNAP_Antarctic_Station_Catalogue.pdf。

"南极洲科考站"：Information taken from the COMNAP Antarctic Station Catalogue 2017: https://www.comnap.aq/Members/Shared%20Documents/COMNAP_Antarctic_Station_Catalogue.pdf. Hand drawn illustrations by Lisa Fretwell。

"谁拥有南极洲？"：The lines of the political claims are constructed from BAS internal data。

"南极第一城"：Elevation model from the Polar Geospatial Center by A. G. Fountain et al., 'High-resolution elevation mapping of the McMurdo Dry Valleys, Antarctica, and surrounding regions', *Earth System Science Data*, 9, 435–43; https://doi.org/10.5194/essd-9-435-2017, 2017. Names and vector data taken from a combination of Open Streetmap, Google Earth and reference maps from the US Polar Geospatial Center。

"可移动的科考站"：Data taken from internal BAS datasets and base information. Imagery is from the Sentinel2 satellite available from: https://scihub.copernicus.eu/。

"国际盛会"：Data taken from the Antarctic Digital Database and the COMNAP website。

"南极航线"：Information gathered from the SCAR Air Operations Planning maps: https://www.scar.org/dataproducts/air-op-maps/, available through the SCAR map catalogue: https://data.aad.gov.au/aadc/mapcat/list_view.cfm?list_id=57。

"海洋捕捞"：Data derived from the CCAMLR GIS, provided by David Herbert and Suzie Grant, with helpful advice from Suzie Grant and Mark Belchier. Illustrations by Lisa Fretwell。

"旅游中心"：Information on marine tour ship trafc kindly provided by Heather Lynch from the publication H. Lynch et al. (2009), 'Spatial patterns of tour ship trafc inthe Antarctic Peninsula region', *Antarctic Science*: doi:10.1017/S0954102009990654. Data and locations of the top tourist sites from IAATO: https://iaato.org/en_GB/tourismoverview#ant_destinations, accessed 2017。

"寻找南极大陆""英雄时代""从空中探索南极洲""战后的权力游戏"：The ship tracks, exploration routes and plane fights for the maps have been digitized from a series of A0 maps made by the US Navy Hydrographic office for the US Antarctic Program in 1958。
These rare maps have been very useful, and these and all the other maps in this chapter have been augmented by the information from a number of Antarctic chronicles, including Richard Sale's Polar Reaches and Beau Rifenburgh's Polar Exploration。

"伟大的逃生"：Maps taken from Otto Nordenskjöld's *Antarctica: Or, Two Years amongst the Ice of the South Pole*。

"不曾存在的南极探险竞赛"：Information from various sources; there has been a lot written about Scott's doomed trip; however, the main map was constructed from GDEM and Bedmap2 elevation data. The lines and dates were interpreted from the 1912 Arthur G. Chater map taken from Amundsen's account。

"奇迹探险家"：Again, no shortage of information here. I have tried to use the original map and text from Shackleton's book *South*. For the South Georgia crossing map, the elevation model was taken from the South Georgia GIS and the route was interpreted from the British Antarctic Survey South Georgia 2018 map。

"暴风雪的故乡"：Maps interpreted from Mawson's *Home of the Blizzard*。

"科学时代"：Data to draw the lines taken from a range of British Antarctic Survey internal resources.

"最具历史意义的地方"：Elevation taken from Aster GDEM data; the background image is a Sentinel2 satellite image; other information taken from a variety of sources, including USGS and PGC maps。

"过去的痕迹"：Information from the Antarctic Digital Database and ATCM: https://documents.ats.aq/ATCM34/WW/atcm34_ww002_e.pdf。

"展望未来"：Analysis kindly given by Rob DeConto, based upon R. M. DeConto and D. Pollard (2016), 'Contribution of Antarctica to past and future sea-level rise', Nature, 531, 591–7; http://dx.doi.org/10.1038/nature17145。

"一万年后的南极洲"：Constructed by Peter Fretwell from a basic isostatic uplift model (using a constant rheology and a moving window based on ice weighting) using Bedmap2 data with a single sea-level adjustment。

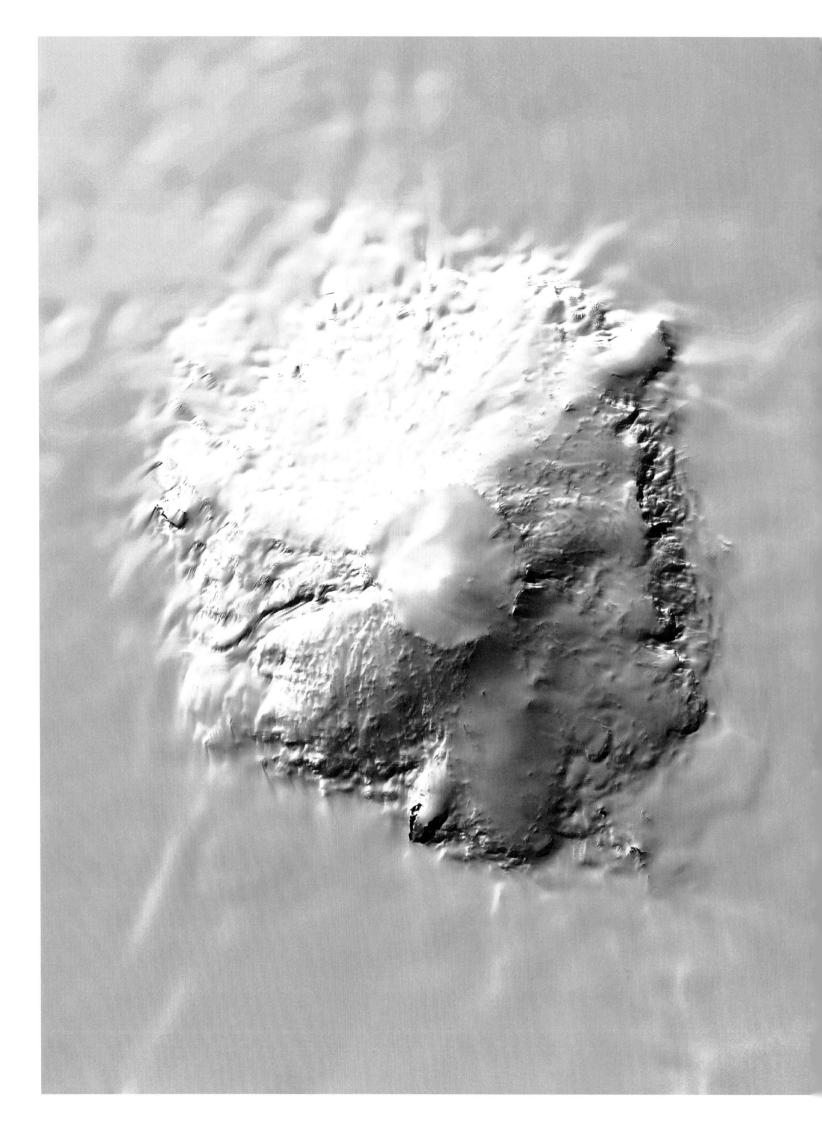

索　引

照 片

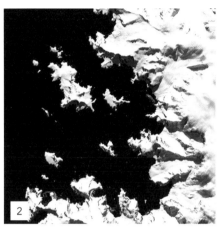

1. 第 IV 页：英国南极调查局的金字塔形帐篷，位于亚历山大岛的西贝柳斯冰川，彼得·弗雷特韦尔摄于 2018 年。

2. 第 VII 页：南极半岛西部威廉敏娜湾（Wilhemina Bay），欧空局"哨兵 2 号"拍摄。

3. 第 VIII—IX 页：南极半岛东北部，努登舍尔德海岸（Nordenskjöld Coast），陆地卫星 7 号拍摄。

4. 第 X 页：伯德冰川穿越横贯南极山脉，陆地卫星 7 号拍摄。

5. 第 16 页：东南极，白濑冰川（Shirase Glacier）流入冰冻的吕措－霍尔姆湾（Lutzow-Holm Bay），陆地卫星 7 号拍摄。

6. 第 34 页：凯尔盖朗群岛的中间部分，显示了湖泊的不同颜色，欧空局"哨兵 2 号"拍摄的假彩色图像（使用近红外成像技术）。图中的红色表示植被。

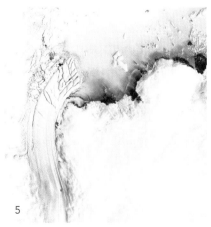

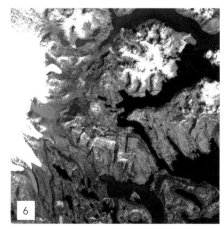

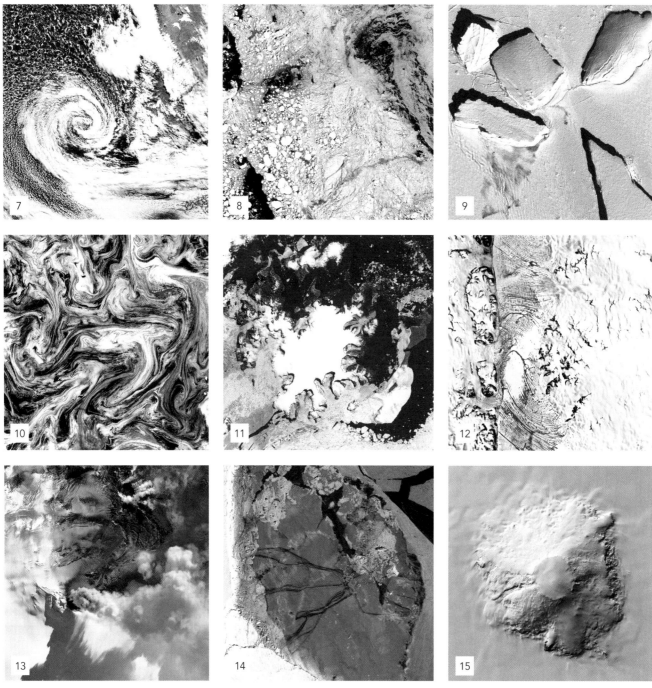

7. 第 58 页：东太平洋智利南部海岸附近的一个大风暴低气压，MODIS 卫星图像。

10. 第 110 页：南奥克尼群岛附近的海冰，ASTER 卫星图像。
图像处理：安德鲁·弗莱明（Andrew Fleming）

13. 第 178 页：2006 年，南设得兰群岛蒙塔古岛的贝林达火山（Mount Belinda）喷发，Quickbird2 图像。
图片来源：Maxar 数字地球

8. 第 72 页：南桑威奇群岛附近的冬季海冰，欧空局"哨兵 2 号"拍摄的图像。图像的左下方可见桑德斯岛。

11. 第 138 页：南极半岛东北部詹姆斯罗斯岛和周边其他岛屿，陆地卫星 8 号拍摄。

14. 第 180 页：哈雷湾附近，帝企鹅在新形成的海冰上的足迹，Worldview3 图像。
图片来源：Maxar 数字地球

9. 第 94 页：里瑟拉森冰架上的帝企鹅栖息地，Worldview3 高分辨率图像。
图片来源：Maxar 数字地球

12. 第 172 页：乔治六世冰架上的融水池，"哨兵 2 号"拍摄。

15. 第 190 页：西南极洲玛丽·伯德地的塔卡黑火山，"哨兵 2 号"拍摄。

出版后记

在地球的最南端，南极洲以其纯净浩瀚的地理环境和独特的生态系统，吸引着全世界的目光。《不止冰雪：用地图讲述南极的故事》是由英国宝藏制图师彼得·弗雷特韦尔精心编纂的南极洲地图集，它不仅是一本书，更是一次心灵的远行，引领我们来到那片被冰雪覆盖的神秘大陆，探索其无尽的奥秘。

本书汇集了大量精细的地图和图表，全面展现了南极洲的地理特征、气候变化、生物多样性以及人类活动的影响。从南极洲的地理概况到冰层下的未知世界，从大气中的臭氧层空洞到海洋中的洋流和冰山，书中不仅记录了南极的自然奇观，也详细讲述了人类对这片遥远大陆的认知历程，以及人类活动与南极洲生态系统之间的互动和影响。作者彼得·弗雷特韦尔运用其在极地制图领域二十年的专业经验，将复杂的科学信息通过地图形式转化为直观易懂的视觉呈现。

《不止冰雪：用地图讲述南极的故事》的出版是一次漫长而艰辛的旅程。面对目前有限的南极洲研究资料，我们在地名的翻译和事实的核查上投入了巨大的努力，尽管如此，书中可能仍有疏漏之处，我们诚挚地期待读者的宝贵意见和建议。

在我们看来，《不止冰雪：用地图讲述南极的故事》不仅是地图集，更是一本讲述南极故事的书。它不仅为科研人员提供了宝贵的资料，也为普通读者打开了一扇了解南极的窗口。我们相信，无论是对南极洲有着浓厚兴趣的读者，还是对地球科学、环境保护有所关注的人士，都能从这本书中获得宝贵的知识和启发。本书会引领我们探索和思考南极洲的奥秘与未来，同时也提醒我们，面对气候变化这一全球性挑战，每个人都有责任和使命去保护我们共同的家园。

后浪出版公司

2024 年 7 月